家风和畅系列

敦品厚德传万代

家训篇

姜正成◎主编

中国财富出版社

图书在版编目（CIP）数据

敦品厚德传万代：家训篇/姜正成主编. —北京：中国财富出版社，2015.2
（家风和畅系列）
ISBN 978-7-5047-5466-0

Ⅰ.①敦… Ⅱ.①姜… Ⅲ.①家庭道德-中国-通俗读物
Ⅳ.①B823.1-49

中国版本图书馆CIP数据核字（2014）第273508号

策划编辑 王秋萍 **责任印制** 方朋远
责任编辑 白 柠 **责任校对** 杨小静

出版发行 中国财富出版社
社　　址 北京市丰台区南四环西路188号5区20楼 **邮政编码** 100070
电　　话 010-52227568（发行部） 010-52227588转307（总编室）
010-68589540（读者服务部） 010-52227588转305（质检部）
网　　址 http://www.cfpress.com.cn
经　　销 新华书店
印　　刷 北京柯蓝博泰印务有限公司
书　　号 ISBN 978-7-5047-5466-0/G·0601
开　　本 640mm×960mm 1/16 **版　　次** 2015年2月第1版
印　　张 16 **印　　次** 2015年2月第1次印刷
字　　数 270千字 **定　　价** 38.00元

前言

经典无疑是庄重和伟大的，不过，在一般人的生活世界中影响至深、对我们影响较大的，往往不总是学者皓首不能穷的原典，而是删繁就简加了解说的选本。通俗选本一方面给人们节省了时间，让我们在茶余饭后能亲近那些高深的典册；另一方面把经典再经典，经过选家披沙拣金，经由当下眼光锁定，经典被再度有针对性地提炼浓缩。

这些年来，拿“经典”说事儿成了社会一大风气，傍“传统”造势也造就了很多风云人物。不过，千万别把“经典”这两个字理解得太褊狭，有人一提起经典，就想到儒家“五经”加上“四书”，这就把传统等同于儒家，把经典当成了儒经。还有人觉得，也可以把“老”“庄”算上，可是，这个看似网开一面的做法还是狭窄，因为，它换了个花样，只承认了“道家”的准入资格，最多满足了思想史家们对古代思想世界所谓“儒道互补”的简单判断。

我们要学会甄别阅读，结合当下舆论的主流导向和社会发展需要有选择地阅读，本书即是结合当前家风家训热点话题，专门为读者打造的一部树立新时代家风的参考指南。

由于印刷术的发达和社会公开化程度的日益提高，众多家训流传出来，其佳者被镂版刊刻，成为许多家庭的样板。特别是到了信息化时代的今天，进图书馆就很容易读到各种家训。逐本披阅，猎奇者恐怕要大失所望。一本又一本的家训，无非教导后人如何励志、砥砺、知书、达礼、勤俭、谦和、兴善、除恶，做一个有责任心、事业心和仁爱心的堂堂之人。我们一定要有所选择，择精阅读，以利家风塑造。

家训的目的就是希望培养一代又一代能挑起家族与社会重任的人才，使得宗族家风精神得以延续。

当然，家训是中国近代以前大家族的遗产，其中，有许多不适合今天社会的东西。尤其在专制独裁时代，出现了不少反人性的说教。但应该说，教人成才、导人向善是其主流。家训之中，不乏反映社会风俗、处世人情的精彩之作，留下许多有趣的故事，启人至深。像南北朝时期漂泊辗转、历仕南北多朝的颜之推所撰写的《颜氏家训》，从丰富的历史变迁中，总结出极为深刻的为人处世的经验教训，而且还从各种趣闻中刻画出当时的世态人情，成为家训的杰作。

本书从历代各朝林林总总的家训里，摘取一些能够表现中国文化特点并且对今天颇有启发意义的格言家训，试作现代解释，与读者共同品味，陶冶性情。

限于编著知识水平，书中难免有纰漏与不当之处，敬请读者批评指正，以利再版纠正。

目录

第一章

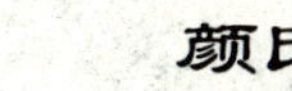

颜氏家训

颜之推著有《颜氏家训》一书，是他对自己一生有关立身、处世和为学经验的总结，其理论和实践对后人有很深远的影响，被后人誉为“家教典范”。

帝范

《帝范》不仅是一部帝王家训，同时也是一部论述人君之道的政治文献。它言简意赅、论证有据，是指导怎样做好皇帝的重要参考资料。

袁氏世范

《袁氏世范》在中国家训史上占有重要地位，堪称《颜氏家训》之亚。虽然《袁氏世范》以儒家之道为依据，但其思想很开明，字里行间透露着深刻的哲理，值得借鉴和学习。

温公家范

司马光在《家范》中详细剖析了父慈子孝、夫妻和睦、兄弟友爱、婆慈媳婉等家庭伦理道德，其中有一些观点对指导现在的人们仍有一定意义。在提倡建设和谐社会、和谐家庭的今天，我们阅读《家范》，可以吸取其中的精华。

曾国藩家训

《曾国藩家训》是《曾国藩家书》中的精品，在《家书》中，曾国藩戏试兄弟要立志修身、待人心诚，要能够耐劳忍气，谨慎行事，这些观点即使对今人仍有一定的借鉴意义。

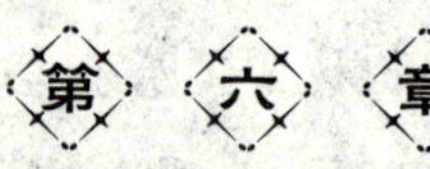

第六章

庭训格言

《庭训格言》是康熙帝对他一生修身齐家、治理天下的经验总结，在其治国的六十一年中，可谓建树颇多，创业和守成之功绩举世无双。康熙帝非常珍惜自己所创立的事业，希望能将它传之千秋万代，他相信自己对人生和治国的每一点体会都是有益处的，因此编成《庭训格言》一书，传给子孙后代。

第一章

颜氏家训

颜之推著有《颜氏家训》一书，是他对自己一生有关立身、处世和为学经验的总结，其理论和实践对后人有很深远的影响，被后人誉为“家教典范”。

【作者简介】

颜之推（531—约595年），字介，是我国南北朝时期著名思想家、文学家、教育家、诗人。他知识丰富，思想深邃，被认为是当时最渊博、最有思想的学者。颜之推出身士族，从小深受儒家名教礼法的熏陶，又信仰佛教，因此，博识而有才。加之他为人敦厚，处事勤敏，应对贤明，不管是在汉人朝廷还是胡人帐下，都很受宠任。

颜之推一生四处游历，其行踪遍及江南、河北、关中，最后死于南北统一之后的隋开皇年间，积累了丰富的处世经验，是当时那些独处一隅的高门士族不可比拟的。他非常了解南北政治的弊病，也深知南学和北学的优缺点，他还研究过当时的各种学问，并有自己的深刻见解。

颜之推著有《颜氏家训》一书，是他对自己一生有关立身、处世和为学经验的总结，其理论和实践对后人有很深远的影响，被后人誉为“家教典范”。《颜氏家训》是我国现存最早、影响最大的家训专著。宋人陈振孙在《直斋书录解题》中称：“古今家训，以此为祖”，故有“家训之祖”之美誉。《颜氏家训》共分七卷，计二十篇，内容涉及极广，大凡教育、文学、文字、音韵、历史、民俗、伦理等方面皆有精彩的论述。整部书以儒家思想为宗，略兼佛家思想。该书虽流露了一些迂腐观念，但其中很多内容，对南北朝社会、政治、文化有着细致的观察和通达的议论，具有很高的史料价值。

《颜氏家训》一书单就内容而言，可从大的方面分为两部分：一是修身，二是齐家。在修身方面，颜氏明确提出修身的目标在于“德艺周厚”，扬名于世。要达到此目标，则须勤学，得“明《六经》之旨，涉百家之书”；行为得谨，“必慎交游”；要常“与善人居”，而不可“与恶人居”；言语得慎，要“无多言，多言多败”；要力戒贪欲，应“少欲知足”；要培养忠孝之心，要明于世务，做有益于社会的人。在齐家方面，颜氏重点谈到了要重视兄弟之间的血亲关系，不能因娶妻生子后而关系疏远；丧妻后要慎于再娶；在家庭生活中，长辈既要行使家长的权力，更要以身作则，为子孙辈树立好的榜样；家庭教育要宽严适度，不可走极端；家庭理财要注意稻麦、菜果、桑麻、鸡鸭等的种植和养护等。上述“家训”言论的系统、周密程度在中国家训史上是史无前例的。

严慈相济——教子之度

教育子女如同培植新苗，应从婴稚时期甚至胎教开始，否则，待孩子骄慢成习惯以后，则“捶挞至死”“忿怒日隆”也不能见效；子女有了缺点，父母应及时纠正，正如人得了病必须打针用药一样，不能听之任之，否则，最终会害了孩子；父母对待子女要有公心，不能偏袒溺爱，不然会引起子女间的猜忌甚至争斗，最终酿成骨肉相残的悲剧。

教子篇

【原文】

古者，圣王有胎教之法：怀子三月，出居别宫，目不邪视，耳不妄听，音声滋味，以礼节之。书之玉版，藏诸金匮。生子咳提，师保固明孝仁礼义，导习之矣。凡庶纵不能尔，当及婴稚，识人颜色，知人喜怒，便加教诲，使为则为，使止则止。比及数岁，可省笞罚。父母威严而有慈，则子女畏慎而生孝矣。吾见世间，无教而有爱，每不能然；饮食运为，恣其所欲，宜诫翻奖，应诃反笑，至有识知，谓法当尔。骄慢已习，方复制之，捶挞至死而无威，忿怒日隆而增怨。逮于成长，终为败德。孔子云：“少成若天性，习惯如自然”是也。俗谚曰：“教妇初来，教儿婴孩。”诚哉斯语！

【译文】

古时候，圣明的君王有胎教之法：王后怀孕三个月时，便离开王宫，单独居住在别的宫殿里，眼睛不看邪恶的东西，耳朵不听狂言乱语，王后所听的音乐、所进的饮食都用礼法加以节制。这套胎教法一定把它刻写在洁白的石板上，保存在金属制成的书柜中，代代相传。王后生产，孩子在襁褓中，就为他请懂得孝仁礼义的老师，进行教习诱导。平民百姓家虽然没条件这样做，但也应让孩子在年幼天真时，懂得观看大人的脸色，知道大人的喜怒，严加教诲，让他做就得做，让他停就得停。等他长到几岁，便用不着鞭打惩罚了。父母亲威严而慈爱，那么子女便敬畏谨慎而生孝心。我看见人世间的有些父母们，对孩子只有溺爱而不加管教，往往不能使孩子孝悌知礼；孩子的饮食行为方面，放纵他们的欲望，该劝阻的地方反而夸奖，该呵斥的时候反而一笑了之，孩子长大以后，便以为那些都是礼法所允许的。等他养成了傲慢的习惯才加以制止，即使把他鞭打至死都不能树立父母的威严，反而使他怨愤日盛而增加对父母的怨恨。等到他长大成人，他将成为一个没有道德修养的人。孔子说：“小时候养成的习惯就像天生的一样，习惯成自然。”就是针对幼年教育而言的。民间谚语说：“教育媳妇要在她刚进门时，教育孩子要趁他年幼时。”此话对极了。

【原文】

凡人不能教子女者，亦非欲陷其罪恶，但重于诃怒。伤其颜色，不忍楚挞惨其肌肤耳。当以疾病为谕，安得不用汤药针艾救之哉？又宜思勤督训者，可愿苛虐于骨肉乎？诚不得已也。王大司马母魏夫人，性甚严正。王在湓城时，为三千人将，年逾四十，少不如意，犹捶挞之，故能成其勋业。

【译文】

凡是没有教育好自己子女的人，也并不是有意让孩子陷于罪恶之途，其根本原因是不愿意对孩子呵斥发怒造成的。他们可怜孩子痛苦的脸色，不忍心鞭打孩子，怕使孩子皮肉受苦。对孩子应拿治病来打比方，对病人哪能不用汤药和针艾去治疗呢？试想那些经常监督训斥管教自己孩子的人，他们何曾想虐待自己的骨肉呢？定是不得已而为之罢了。梁朝大司马王僧辩的母亲魏夫人，性情非常严厉端正。王僧辩在湓城时，统领三千军卒，年过四十，只要有一点做得不对的地方，魏夫人还鞭打他，所以能使他成就丰功伟业。

【原文】

梁元帝时，有一学士，聪敏有才，为父所宠，失于教义：一言之是，遍于行路，终年誉之；一行之非，掩藏文饰，冀其自改。年登婚宦，暴慢日滋，竟以言语不择，为周逖抽肠衅鼓云。父子之严，不可以狎；骨肉之爱，不可以简。简则慈孝不接，狎则怠慢生焉。由命士以上，父子异宫，此不狎之道也；抑搔痒痛，悬衾箧枕，此不简之教也。

【译文】

梁元帝时期，有一学士，聪明敏捷而有才华，其父非常宠爱他，但教育方法有不得当的地方：他说对一句话，其父便到处宣扬，终年赞赏；他做错一件事，其父便替他遮蔽掩藏，希望他自己改正。等到他年龄已到结婚、入仕的时候，便日益凶暴傲慢，最后因为出语不逊，触怒了残暴之徒，而被周逖杀死，肠子被拉出来，血也被用去祭祀战鼓，不得善终。父母亲在孩子面前应该保持尊严，不可与他过于亲昵随便；但父母与孩子之间的骨肉之情，也不可过于淡漠疏远。过于淡漠则仁慈和孝心不能相通；过于亲昵则会导致对父母的不恭敬。所以古礼规定，自士大夫以上的人，父母与孩子各居一室，这就是不过于亲昵的办法。孩子不忘孝敬父母，替他们按摩，消除痛痒，父母不忘记关心孩子，给他收拾床铺、整理被枕；这就是不过于淡漠疏远的办法。

【原文】

齐武成帝子琅邪王，太子母弟也，生而聪慧，帝及后并笃爱之，衣服饮食，与东宫相准。帝每面称之曰：“此黠儿也，当有

所成。”及太子即位，王居别宫，礼数优僭，不与诸王等；太后犹谓不足，常以为言。年十许岁，骄恣无节，器服玩好，必拟乘舆；尝朝南殿，见典御进新冰，钩盾献早李，还索不得，遂大怒，诟曰：“至尊已有，我何意无？”不知分齐，率皆如此。后嫌宰相，遂矫诏斩之，又惧有救，乃勒麾下军士，防守殿门；既无反心，受劳而罢，后竟坐此幽薨。

【译文】

北朝时，齐朝武成帝之子，琅琊王慕容俨，与皇太子是同胞兄弟，天性聪慧，皇帝和皇后都很偏爱他，他的衣服饮食，都按照太子的标准配发。皇帝经常当面夸奖他说：“这是个聪明的孩子，日后肯定有所成就。”等到太子即位后，慕容俨居住在别宫，在礼仪方面特别优待，与其他诸王不同；太后还说对琅琊王不够好，时常为此叨唠。慕容俨十岁左右，愈发骄横放肆，不知礼节，所用的器物，所赏玩的物品，一定要与皇帝相同；曾经在南殿朝拜，看见司膳官给皇帝进刚出窖的冰块，或看到司园官给皇帝献最早成熟的李子，便非要拿过来自己享用，不达到目的，便在殿中怒骂：“皇帝已经有的东西，我为什么没有呢？”经常是如此不知本分，不知满足。后来，他嫌宰相不顺意，于是假借皇帝诏令去杀他，怕有人来救，便命令部下士兵防守皇宫大门；他只想杀宰相，本无造反之意，见到皇帝亲自出阵，便接受抚慰息兵了，后来他还是因这事而被悄悄处死在幽巷之中。

【原文】

人之爱子，罕亦能均，自古及今，此弊多矣。贤俊者自可赏爱，顽鲁者亦当矜怜，有偏宠者，虽欲以厚之，更所以祸之。共叔之死，母实为之；赵王之戮，父实使之。刘表之倾宗覆族，袁绍之地裂兵亡，可为灵龟明鉴也。

【译文】

人们喜爱自己的孩子，但很少有平均施恩的。从古到今，偏宠造成的危害太多了。贤良聪敏的孩子固然应该奖赏痛爱，顽劣迟钝的孩子也应当得到怜惜，偏宠孩子的人，虽然是想让孩子多得到些好处，但更会使他因此而招来灾祸。春秋时共叔段之死，完全是他母亲偏心造成的；汉代赵隐王遭到毒害，也完全是他父亲过于宠爱带来的后果。刘表亡家灭族，袁绍地分兵败，都可以作为偏宠之害的明确借鉴啊！

家训启迪

孩子的脾性好坏，不是生下来时就定型的，而是要靠后天教育方法来引导形成。正确的教育方法会帮助孩子形成有益的性格、端正的品行、良好的习惯。在《教子篇》中，作者通过几个事例阐述了教育的重要性与必要性，并就几个方面对父母教育孩子所需借鉴的准则进行了阐述。

第一，"少成若天性"，在孩子幼儿之时就应加以教诲，教育应趁早。

第二，在孩子懂事之后应做到严厉与慈爱并重，注意亲疏适宜，不可忽视礼节之重，不可过分溺爱也不可过分处罚，否则容易使孩子的品行偏离正轨。

第三，父母不忍心对孩子的错误加以责罚，害怕孩子不高兴，担心孩子受皮肉之苦的行为，就如同孩子得了病不加以医治，任疾病愈加严重一样，让孩子没有认识错误的意识，习惯成自然，等到他们长大以后，酿成大错再加以纠正，就等于亡羊补牢了。

第四，无论是聪明可爱还是愚钝顽皮的孩子，都应该接受教育，为人父母都应平等对待，不能产生偏爱之心，偏爱某个孩子往往不是爱他反而是害他。

上述文中这些教育孩子的准则对于今人来说仍然是受用无穷的。虽然时代不同了，但孩子的成长终究还是需要正确的教育方法来引导；也正是因为时代的变迁、环境的迥异与复杂，孩子长大成人后为人处世的立身准则、价值观取向、品行修养都更需要良好的教育方法来助力。

故事品读

郑板桥教子

郑板桥 3 岁丧母，生活贫困。50 岁以前，读书、教书、卖画，乾隆七年（1742年）考中进士，在山东潍县、范县做了12年的知县。他勤于政事，政绩显著。他到52岁时才有儿子，起名小宝。他对小宝自然十分喜欢。为了把儿子培养成有用的人才，他非常注意教育方法。

郑板桥被派到山东潍县去做知县，将小宝留在家里，让妻子及弟弟郑墨照管。郑板桥看到当时富贵人家子弟的种种劣迹，担心自己的儿子被娇惯变坏，所以他身在山东，心却时时牵挂在家的儿子。他心想把儿子小宝委托弟弟郑墨帮助照管，会比自己更娇惯。所以，他从山东不断写诗寄回家中让小宝读。“锄禾日当午，汗滴禾下土。谁知盘中餐，粒粒皆辛苦。”“昨日入城市，归来泪满巾；遍身罗绮者，不是养蚕人。”“二月卖新丝，五月粜新谷；医得眼前疮，剜却心头肉。”“九九八十一，穷汉受罪毕，才得放脚眠，蚊虫跳蚤出。”小宝在母亲的带领下，一遍又一遍地背记着这些诗句，从而明白了许多人生的哲理。

“娇子如杀子”，这是多少人用血泪换取的经验教训。当郑板桥听说在家的小宝常常对孩子们夸耀：“我爹在外面做大官！”有时还欺侮佣人家的孩子时，郑板桥立即写信给弟弟郑墨说：“我52岁才得一子，岂有不爱之理！然爱之必以其道。”即爱他必定要有爱子的办法。“以其道”是真爱，不“以其道”是溺爱，溺爱不是真正的爱。所以，他要弟弟和家人对小宝严加管教，注意“长其中厚之情，驱其残忍之性”。弟弟和家人按照郑板桥的意愿对孩子进行教育，收效很大，就给郑板桥写了封信，讲了孩子的长进，并说，照此下去，长大之后准是个有出息的人，能像你一样，当个官儿。郑板桥看了这封信后，觉得弟弟对小宝太姑息了，这样做对孩子并没有什么好处。于是，立即给弟弟郑墨复信说：我们这些人，“一捧书本，便想中举，中进士，做官，如何攫取金钱，造大房屋，置多田产。起手便走错了路，越来越作坏，总没个好结果”。他还说：“读书中举、中进士、做官，此是小事，第一要明理做好人。”这里所说的好人，是品德修养高尚的人，是有益于社会的人。

小宝长到6岁以后，郑板桥就把小宝带在自己身边。他亲自教导儿子读书，要求每天必须背诵一定的诗文，并且经常给小宝讲述吃饭穿衣的艰辛，并让他参加力所能及的家务劳动。学洗碗，必须洗干净。到小宝12岁时，他又叫儿子用小桶挑水，天热天冷都要挑满，不能间断。由于父亲言传身教，小宝的进步很快。当时潍县灾荒十分严重。郑板桥一向清贫，家里也未多存一粒粮食。一天小宝哭着说：“妈妈，我肚子饿！”妈妈拿一个用玉米粉做的窝头塞到小宝手里说：“这是你爹中午节省下的，快拿去吃吧！”小宝蹦跳着走到门外，高高兴兴地吃着窝头。这时，一个光着脚的小女孩站在旁边，看着他吃。小宝发现这个用饥饿眼光看着他的小女孩，立刻将手中的窝头分一半给了小女孩。郑板桥知道后，非常高兴，就对小宝说：“孩子，你做得对，爹爹真喜欢你！”

郑板桥对于女儿也非常关心。在他的影响和熏陶下，女儿在诗画方面也达到了相当不错的水平。眼看女儿就到出嫁年龄了，还未找到合适的对象。他便主动为女儿选择了对象，并且一反婚事大操大办的传统，自己亲自将女儿送到男方家里，让男方家人做了几个小菜，以示庆贺。当他要返回时，才告诉女儿说：“这就是你的家，你就安心在这里过吧！”他为了表示自己对女儿婚事的祝贺，特意作画一幅，作为嫁妆送给女儿，在这幅画上，他题写了一首小诗：“官罢囊空两袖寒，聊凭卖画佐朝餐。最惭吴隐奁妆薄，赠尔春风几笔兰。”

郑板桥非常注意对子女进行自立教育。直到临终前，他还要让儿子亲手做几个馒头端到床前。当小宝把做好的馒头端到床前时，他放心地点了点头，便合上了眼睛，与世长辞了。临终前，他给儿子留下的遗言是：“流自己的汗，吃自己的饭，自己的事自己干，靠天靠人靠祖宗不算好汉。”这则遗言，是对子女的嘱咐，也是他对子女教育经验的总结和概括。

拓展阅读

【原文】

《易》曰：“家人有严君焉，父母之谓也。”盖父母视家人，势分本为独尊，事权得以专制，使挈其纲领，内外肃然，谁敢不从令？若仁柔姑息，动多愆违，以致纷纷效尤，谁执其咎哉？

——《庞氏家训》

【译文】

《易经》上说：“父母是家庭的主宰。”父母对于家人而言，在权威上处于独尊地位，处理事情时能够独断专行，只要提纲挈

领，使内外严肃恭敬，谁敢不听从父母的命令？如果父母过于宽厚仁柔，姑息养奸，并且自己经常出差错，导致子弟纷纷仿效，那么，谁来纠正他们的过失呢？

友爱互敬——手足之情

人有兄弟就像身体有手有足一样，最应珍惜。兄与弟是血缘至亲，从小便相依为伴，过着“食则同案，衣则传服，学则连业”的生活，这种同甘共苦的兄弟之情在任何时候都不能忘记，所以平时彼此不能不和睦。兄弟之间不能因为娶妻成家后各顾妻子而忘了一母同胞之情。兄弟不和睦，既会伤彼此之心，更会伤父母之心，甚至会导致子侄辈间的不相友爱并最终成为仇敌，让世人笑话。

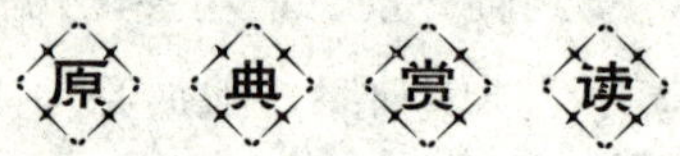

兄弟篇

【原文】

夫有人民而后有夫妇，有夫妇而后有父子，有父子而后有兄弟，一家之亲，此三而已矣。自兹以往，至于九族，皆本于三亲焉，故于人伦为重者也，不可不笃。

【译文】

世上是先有人类然后有夫妇，有了夫妇才产生父子，有了父子之后才有兄弟，一个家庭中的亲人，仅此三者罢了。由此延展推广，直至所谓九族，都是从三亲拓展而来的，所以说“三亲”是人伦关系中最重要的，不能不认真对待。

【原文】

兄弟者，分形连气之人也。方其幼也，父母左提右挈，前襟后裾，食则同案，衣则传服，学则连业，游则共方，虽有悖乱之人，不能不相爱也。及其壮也，各妻其妻，各子其子，虽有笃厚之人，不能不少衰也。娣姒之比兄弟，则疏薄矣；今使疏薄之人，而节量亲厚之恩，犹方底而圆盖，必不合矣。惟友悌深至，不为旁人之所移者，免夫！

【译文】

哥哥与弟弟，虽然形体不同，但是一个母亲所生的气血相通的人。在他们还很小的时候，父母亲左手拉一个，右手扯一个；一个拉着父母的前襟，一个扯着父母的后裾；吃饭都是用的同一个木盘，衣服是哥哥穿了弟弟又穿，学习用具也是哥哥用了弟弟又用，玩耍也是在同一个地方，即使有时做事有点悖乱情理，也不能不互相爱护。等他们长大成人以后，都各自有了妻子，教育自己的孩子，即使是性情秉厚的兄弟，感情也比不上小时候那样深厚了。但妯娌之间与兄弟之间相比，就更疏远些了。如今让感情疏远的妯娌来节制度量亲密的兄弟之情，就像是给方形的底座配上圆形的盖子，再怎么也是不合适的。只有兄弟间互相亲近，感情至深，才不会受别人影响而疏远了彼此，所以，你们一定要尽力互相友爱啊！

【原文】

二亲既殁，兄弟相顾，当如形之与影，声之与响；爱先人之遗体，惜己身之分气，非兄弟何念哉？兄弟之际，异于他人，望深则易怨，地亲则易弭。譬犹居室，一穴则塞之，一隙则涂之，则无颓毁之虑；如雀鼠之不恤，风雨之不防，壁陷楹沦，无可救矣。仆妾之为雀鼠，妻子之为风雨，甚哉！

【译文】

等父母双亲去世之后，只有兄弟之间互相照顾了，兄弟间就更应当像形体与影子、声音和回音一样，都应该珍惜自己的身体，因为这是死去的父母给子女留下的，还应怜惜自己身上从父母那儿分来的气息，不是兄弟谁又会这样怜惜呢！兄弟彼此之间的感情，与别人是不同的，对对方希望过高就容易产生失落埋怨，相处亲密的话，就更容易消除不满的情绪。就好比所居住的房屋一样，有一个洞穴就把它堵好，有一条缝隙就马上堵住，那就永远没有颓毁倒塌的顾虑；如果不留心麻雀、老鼠的危害，不防范风雨的腐蚀，等到墙倒柱塌时，就无法挽救了。佣人、小妾就好比麻雀、老鼠一样，妻子就好比风雨，这种危害就更厉害了！

【原文】

兄弟不睦，则子侄不爱；子侄不爱，则群从疏薄；群从疏薄，则僮仆为仇敌矣。如此，则行路皆踖其面而蹈其心，谁救之哉？人或交天下之士，皆有欢爱，而失敬于兄者，何其能多而不能少也！人或将数万之师，得其死力，而失恩于弟者，何其能疏而不能亲也！

【译文】

如果兄弟之间关系不和谐，那他们的孩子也不会友好；既然子侄们不互相友爱，那整个家族中的众子弟就会疏远淡薄；众子弟都疏远淡薄了，那各家的仆人就会成为仇家了。这样一来，过往的陌路人都可以任意践踏、欺负他们，到了这种地步，谁还来挽救他们呢？有些人在外能结交天下之勇士，而且能彼此友善相处，但对于他的兄弟却处处失敬，为什么能够和那么多无血缘的人相处融洽而不能善待自己为数极少的兄弟呢？有的人能统领数万人的军队，使部下都能为他拼死效劳，但对自己的兄弟却不能施予恩爱，为什么能对关系疏远的人亲近，却对自己的亲兄弟不能给予关怀呢？

【原文】

娣姒者，多争之地也，使骨肉居之，亦不若各归四海，感霜露而相思，伫日月之相望也。况以行路之人，处多争之地，能无间者鲜矣。所以然者，以其当公务而执私情，处重责而怀薄义也。若能恕己而行，换子而抚，则此患不生矣。

【译文】

妯娌之间是很容易发生争斗的，即使是同胞姐妹做了妯娌住在一起，还不如让她们各自一方，那样倒还会感叹霜露降临，时节变化而互相思念，仰望日月的圆缺而企盼着相聚的时光。何况一般妯娌是陌路之人，相互之间不产生误会而能彼此和睦相处是很少的。之所以会导致这个结果，是因为她们在处理大家庭的公事时都要各自为自己的小家庭私作打算，让她们负担重任却心怀私念。如果都能以仁爱之心去处理事情，把对方的孩子当作自己的孩子一样抚育，就不会产生这种妯娌不和的事情了。

【原文】

人之事兄，不可同于事父，何怨爱弟不及爱子乎？是反照而不明也。沛国刘琎，尝与兄瓛连栋隔壁，瓛呼之数声不应，良久方答；瓛怪问之，乃曰："向来未着衣帽故也。"以此事兄，可以免矣。

【译文】

有的人侍奉自己的兄长，不肯像对待自己的父辈一样，既然这样，又怎能怨哥哥爱弟弟不如父亲爱儿子那样的深厚呢？由此反省就会知道是自己的不是了。沛国有个名叫刘琎的人，曾经住在他哥哥的隔壁，有一次，他哥哥刘瓛在那边喊刘琎，接连叫了很多声刘琎都没有回答，过了好一会儿才听到刘琎回答他；刘瓛觉得很诧异，问他为什么刚才不答应，刘琎就说："因为那会我还没有穿好衣服，没有戴好帽子。"用这种态度来侍奉兄长，就难怪哥哥爱弟弟不如爱他的孩子那样了。

【原文】

江陵王玄绍，弟孝英、子敏，兄弟三人，特相爱友，所得甘旨新异，非共聚食，必不先尝，孜孜色貌，相见如不足者。及西台陷没，玄绍以形体魁梧，为兵所围，二弟争共抱持，各求代死，终不得解，遂并命尔。

【译文】

江陵的王玄绍与他的弟弟王孝英、王子敏，兄弟三人非常和睦，得到美味或新鲜稀奇的食物，除非兄弟三人聚在一起享用，否则绝对不会一个人独自品尝，兄弟三人勤勉尽力都在神态上显露出来，相见时总体会到在一起的日子还不够似的。及至西台被攻陷，王玄绍因为体形魁梧，被敌兵包围，两个弟弟争着去抱住他，都要替他去死，但最终未能消解灾难，于是与兄长一起被害。

家训启迪

现代社会是独生子女的家庭比较多，独生子女从小就在没有兄弟姐妹的环境中长大，他们比一般人更渴望兄弟言欢的快乐。那就必须要放大“悌”道，先与生活中能够接触到的家族中的兄弟姐妹好好相处，再与校园生活中的同学、工作单位中的同事、社会交往中的朋友和睦相处。相处的原则：敬重而不谄媚，恭顺而不失原则，礼貌而不卑不亢。

如果我们能够做到这些，那我们一定能够获得如兄弟般的情谊！正如孔夫子的学生子夏所云：“君子敬而无失，与人恭而有礼，四海之内皆兄弟也。君子何患无兄弟?”

人生处处是修行，人生时时是提升，如果我们都能以“悌”道与周围的人相处，这个社会将是多么和谐！小悌孝亲，中悌爱国，我们能在家庭中力行“悌”道，可以让家里的老人开心欣慰；我们在企业中力行“悌”道，可以让你所在的团队、企业和谐；我们在所在的生活环境中处处力行“悌”道，就可以改变你生活环境的气场，让你生活的环境变得和谐，气氛融洽。这从另一个角度说，不也是爱国吗?

故事品读

许武教弟

汉朝许武，有三个兄弟，父亲很早就过世了，两个弟弟一个叫许宴，一个叫许普，年纪还非常小。在过去传统的家庭里长兄如父，父亲过世了，身为长兄的许武，必须要肩负家庭的重任，不但要负责生计，更要提携照顾两个弟弟。

许武知道他的责任重大，白天到田里劳作时，就把弟弟安置在树下阴凉的地方，教两个弟弟学习如何耕种；晚上回家时教两个弟弟读书，非常辛劳。如果两个弟弟不肯受教，他就跑到家庙向祖先禀明，今天我教导不利，所以两个弟弟才不受教。他把所有的责任自己承担下来，在祖先面前告罪，是自己的过失，忏悔自己没有尽心尽力。直到两个弟弟哭泣着来请罪，许武才起立，而且他始终没有声严厉色地对待弟弟。

许武到了壮年还没有娶妻，有人劝他，他回答："我恐怕娶到不适当的人选，反而使兄弟的情感发生嫌隙!"

后来许武被推荐为"孝廉"。为了让两个弟弟也能够成名，跟他一样被举为"孝廉"，就故意把家产分为三份，自己取最好的，让弟弟得到的又少又不好，让所有亲朋好友、邻里都骂这个哥哥贪婪，推崇两个弟弟谦让，等到弟弟在品德、学问和产业上有一点点成就，也被推举为"孝廉"时，哥哥才把亲朋好友聚集在一块，把他成就两个弟弟的苦心表露了出来。当场的人都非常惊讶，许武竟然是这样疼爱他两个弟弟，提拔他两个弟弟，如此的用心良苦!

从此以后，乡里的人都称他"孝悌许武"。郡守和州刺史推荐许武出来为民服务，并且请他担任议郎的官职。许武的声望愈加显赫，不久，他却辞去官职而返回故乡，先为两位弟弟谈论婚事，而后自己才娶妻。兄弟们生活在一起，非常融洽。

拓展阅读

【原文】

骨肉天亲，同枝连气，凡利害休戚，当死生相维持。若因财产致争，便相视如仇敌，及遭死丧患难，反面不相顾，甚于路人，祖宗有灵，岂忍见此？良心灭绝，马牛而襟裾，人祸天刑，其应如响，愿子孙以此言般鉴。

——《庞氏家训》

【译文】

骨肉之间是血缘亲人，同枝连气，举凡一切利害休戚相关，应当不惜生命互相保护支持。如果因财产引起争端，以致相见如仇敌，看到兄弟遭到重大灾祸，冷眼旁观，毫不关心，比过路的人还冷漠，祖宗如果有灵，怎么忍心见到这种现象？那些丧尽天良的衣冠禽兽，不是遭天灾就是遇到人祸，会很快得到报应，希望子孙以我的话作为鉴戒。

勤俭仁善——治家之道

良好家风的形成，取决于一家之中长者、尊者榜样的力量。因此，在日常生活中，父亲要为儿子做榜样，丈夫要为妻子做榜样，哥哥要为弟弟做榜样。家长在管理家庭事务的时候，要有“家法”可依，但要掌握好行使“家法”的尺度，既不能太宽松，也不能太严猛。在对待钱财上，既不能太奢侈，也不能太吝啬，既要满足一家人的基本生活需要，也要周济周围的穷苦人，要做到“施而不奢，俭而不吝。”对农村家庭而言，除了要注意上述这些治家原则外，还要注意勤俭，要重视稻麦、桑麻、蔬果、鸡、豚等的种植和养护，只有这样，家庭的生活才能丰足。另外，女儿也是父母的心头肉，更是传宗接代的重要支柱，所以也不能重男轻女。

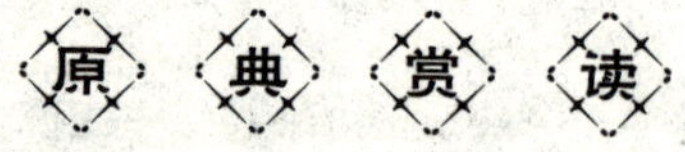

治家篇

【原文】

夫风化者，自上而行于下者也，自先而施于后者也。是以父不慈则子不孝，兄不友则弟不恭，夫不义则妇不顺矣。父慈而子逆，兄友而弟傲，夫义而妇陵，则天之凶民，乃刑戮之所摄，非训导之所移也。

【译文】

教育感化的事情，是由上到下推行的，是从前人向后人延续的。所以，父亲不慈爱，那么孩子就会不孝顺；兄长不友爱，那么弟弟就不恭敬；丈夫不讲情义，妻子就不会温顺。如果父亲慈爱而孩子却叛逆，兄长友爱而弟弟却傲慢，丈夫仁义而妻子却张扬跋扈，那么这些就是天生的恶毒之人，要用刑罚杀戮来迫使他们畏惧，而不是仅用训诲教导就能将其改变的。

【原文】

笞怒废于家，则竖子之过立见；刑罚不中，则民无所措手足。治家之宽猛，亦犹国焉。

【译文】

如果将鞭笞的惩罚废置太久，那么孩子的错误就会马上出现；如果刑罚用得欠妥，那老百姓就会不知所措。治家的宽仁和严格，也像治国一样呀。

【原文】

孔子曰："奢则不孙，俭则固。与其不孙也，宁固。"又云："如有周公之才之美，使骄且吝，其馀不足观也已。"然则可俭而不可吝已。俭者，省约为礼之谓也；吝者，穷急不恤之谓也。今有施则奢，俭则吝；如能施而不奢，俭而不吝，可矣。

【译文】

孔子说："奢侈了就导致骄纵无理，节俭了就会显得吝啬。与其骄纵无理，宁可吝啬。"又说："一个人即便有周公那样的才华和美德，但如果他骄纵且小气，别的优点再多也不值得称赞了。"这样说来，节省可取而吝啬不可取。节俭的人，是合乎礼节的节省；吝啬的人，是在别人困难危急的时候也不体恤救助。当今舍得施舍的人过于奢侈，节俭的人又吝啬小气；如果能够做到施舍于他人而不奢侈，节俭而不吝啬，那就好了。

【原文】

生民之本，要当稼穑而食，桑麻以衣。蔬果之畜，园场之所产；鸡豚之善，埘圈之所生。爰及栋宇器械，樵苏脂烛，莫非种殖之物也。至能守其业者，闭门而为生之具以足，但家无盐井耳。今北土风俗，率能躬俭节用，以赡衣食；江南奢侈，多不逮焉。

【译文】

老百姓生存的根本，就是要种植庄稼和桑麻而收获衣食。储藏的蔬菜果品，是果园场圃生产出来的；食用的鸡肉猪肉等美食，是鸡窝、猪圈畜养出来的。至于房屋器具，柴草蜡烛，没有一样不是靠种植的东西来制造的。那种能持家的，即使不出门，他们的生活必需品都已经足够了，家里所缺的只是一口盐井而已。如今北方的习俗，都能做到亲身省俭节用，能承担起家里的衣食所用；江南一带较浪费，多数比不上北方节俭。

【原文】

梁孝元世，有中书舍人，治家失度，而过严刻，妻妾遂共货刺客，伺醉而杀之。

【译文】

梁元帝时候，有一位中书舍人，因为其治理家庭不能把握好分寸，过分严厉尖刻，结果其妻妾收买刺客，趁他醉酒之际将其杀死了。

【原文】

世间名士，但务宽仁；至于饮食饷馈，僮仆减损，施惠然诺，妻子节量，狎侮宾客，侵耗乡党：此亦为家之巨蠹矣。

【译文】

今世的名士，在管理家庭上只求宽厚仁爱；却弄得待客馈送的食物，被童仆克扣，答应资助别人的财务，被妻子管束，甚至家里还会发生轻侮宾客，刻薄乡邻的事情：这也是治家的大祸害啊。

【原文】

齐吏部侍郎房文烈，未尝嗔怒，经霖雨绝粮，遣婢籴米，因尔逃窜，三四许日，方复擒之。房徐曰："举家无食，汝何处来?"竟无捶挞。尝寄人宅，奴婢彻屋为薪略尽，闻之颦蹙，卒无一言。

【译文】

北齐吏部侍郎房文烈，从未生气发怒。有一次天降倾盆大雨，家里断了粮。他派一名婢女去籴米，这个婢女竟乘机逃走。过了三四天，才把她抓获。房文烈见了她，语气和缓地说："家人都没有粮食了，你跑到哪里去了?"竟然没有鞭打这个婢女。房文烈曾经把房子借给别人居住，那人的奴婢把房子拆了当柴烧，差不多都要拆光了。房文烈听到了这些事，只是眉头紧皱，最后还是一句话都没有说。

【原文】

裴子野有疏亲故属饥寒不能自济者，皆收养之。家素清贫，时逢水旱，二石米为薄粥，仅得遍焉，躬自同之，常无厌色。邺下有一领军，贪积已甚，家童八百，誓满一千；朝夕每人肴膳，以十五钱为率，遇有客旅，更无以兼。后坐事伏法，籍其家产，麻鞋一屋，弊衣数库，其余财宝，不可胜言。

【译文】

裴子野把他的亲属中凡是有饥寒而没有能力自救的人，都收留下来。他的家里一向贫穷，当时又遇上水旱灾害，他便用二石米煮成稀粥，勉强让大家都吃上一点，自己也和大家一起吃，从没有显出过厌倦的神色。邺城有个大将军，积蓄甚多依然贪得无厌，家童已有了八百人，还发誓要凑满一千；而每人一天的饭菜，却以十五文钱为标准，即使遇到客人来，也不增加一些。后来犯事，朝廷将其处死，没收了其家产，发现仅麻鞋就有一屋子，破旧衣服堆满了几个仓库，其余的财宝，更是数都数不清。

【原文】

南阳有人，为生奥博，性殊俭吝，冬至后女婿谒之，乃设一铜瓯酒，数脔獐肉；婿恨其单率，一举尽之。主人愕然，俯仰命益，如此者再。退而责其女曰："某郎好酒，故汝常贫。"及其死后，诸子争财，兄遂杀弟。

【译文】

南阳有个人，生平深藏广蓄，但性格特别吝啬。冬至后一天，女婿前来拜见他，他只给女婿准备了一铜瓯的酒和几片切成小块的獐子肉；女婿嫌他太吝啬，把酒肉一下子就喝光吃完了。这个人很吃惊，只好勉强叫人添酒加菜，这样先后添了两次。过后，他责怪女儿说："你丈夫嗜酒成性，所以才弄得你总是贫穷。"等到他死后，几个儿子争遗产，哥哥竟然把弟弟杀了。

【原文】

妇主中馈，惟事酒食衣服之礼耳。国不可使预政，家不可使干蛊；如有聪明才智，识达古今，正当辅佐君子，助其不足，必无牝鸡晨鸣，以致祸也。

【译文】

妇女主持家务，只要负责食物酒肉衣服等礼仪方面就行了。国家不能让妇人干政，当然也不能让她干预家里的大事了；如果她们真有聪明才智，见识通达古今，也只应辅助丈夫，以弥补丈夫的不足。一定不要像母鸡晨鸣一样，招致灾祸。

【原文】

江东妇女，略无交游，其婚姻之家，或十数年间，未相识者，惟以信命赠遗，致殷勤焉。邺下风俗，专以妇持门户，争讼曲直，造请逢迎，车乘填街衢，绮罗盈府寺，代子求官，为夫诉屈。此乃恒、代之遗风乎？南间贫素，皆事外饰，车乘衣服，必贵整齐；

家人妻子，不免饥寒。河北人事，多由内政，绮罗金翠，不可废阙，羸马悴奴，仅充而已；倡和之礼，或尔汝之。

【译文】

江东的妇女，很少与外界交往，即使是结成婚姻的亲家，有的十几年没见过面，只派人传达音信或送礼物，来互相问候和诉说感情。邺城的风俗，特地让妇女当家，她们为了辨明是非曲直而争讼于公堂，请客送礼，谒见迎候，她们乘坐的车马填塞了道路，她们穿的绸缎罗绮挤满官署。有的是替儿子乞求官职，有的是给丈夫诉说冤屈。这应该就是恒州、代郡一带的北魏鲜卑的风俗吧？在南方，即使是贫素人家，也都注意修饰外表，车马、衣服一定讲究齐整；而家里的妻子儿女却不免饥寒。黄河以北的交际应酬，也多凭妇女，绮罗金翠，不能缺少，而家里的瘦弱马匹和憔悴奴仆，都不过是勉强充数而已；夫妇之间交流，有时“尔”“汝”相称，用词并不拘泥夫唱妇和的礼数。

【原文】

河北妇人，织纴组紃之事，黼黻锦绣罗绮之工，大优于江东也。

【译文】

黄河以北地区的妇女，编织纺织、绣花织锦的手艺，都大大超过江东的妇女。

【原文】

太公曰：“养女太多，一费也。”陈蕃曰：“盗不过五女之门。”女之为累，亦以深矣。然天生蒸民，先人传体，其如之何？世人多不举女，贼行骨肉，岂当如此，而望福于天乎？吾有疏亲，家饶妓媵，诞育将及，便遣阍竖守之。体有不安，窥窗倚户，若生女者，辄持将去，母随号泣，使人不忍闻也。

【译文】

姜太公说：“养女儿太多，是家庭的一大消耗。”后汉大臣陈蕃说过："盗贼都不愿偷盗有五个女儿的家庭。"可见，女儿带来的拖累也够深重了。但天生众民，又是先人的遗体，又能把她怎么样呢?世人很多生了女儿不愿抚养，将亲生骨肉杀害致死，这样岂能盼望上天降福？我有个远亲，家里姬妾非常多，产期临近，他就派童仆守候着。临产时，童仆就在窗户外窥探，如果生了女孩，马上抱走，产妇随即哭号，其场面惨不忍睹。

【原文】

妇人之性，率宠子婿而虐儿妇。宠婿，则兄弟之怨生焉；虐妇，则姊妹之谗行焉。然则女之行留，皆得罪于其家者，母实为之。至有谚云："落索阿姑餐。"此其相报也。家之常弊，可不诫哉！

【译文】

妇女的天性，大多宠爱女婿而虐待儿媳。宠爱女婿则自己的儿子就会产生怨恨；虐待儿媳则自己的女儿就易进谗言。这样，女的不论是出嫁还是留待闺中都会得罪于家，而这些都是做母亲的一手酿成的。以致有句谚语讲道："落索阿姑餐。"是说婆婆吃顿饭都要受冷眼。做儿媳的就是以冷落婆婆作为报复的手段，实在是报应啊。这是家庭里常见的弊端，不能不引以为戒啊!

【原文】

婚姻素对，靖侯成规。近世嫁娶，遂有卖女纳财，买妇输绢，比量父祖，计较锱铢，责多还少，市井无异。或猥婿在门，或傲妇擅室，贪荣求利，反招羞耻，可不慎欤?

【译文】

婚娶一定要找清白人家的子女作为对象，这是当年先祖靖侯定下的制度。近年来的婚嫁，就有为获得钱财而嫁出女儿的，也有以馈送厚礼来娶进儿媳的，这些人相互攀比门第，斤斤计较，都想占取便宜，这和做买卖没有什么区别。以至于有的人招来个下流女婿，有的人娶进个骄纵蛮横的老婆，这都是由于他们贪图虚荣，才招来耻辱，这样的事，我们能不谨慎吗？

【原文】

借人典籍，皆须爱护，先有缺坏，就为补治，此亦士大夫百行之一也。济阳江禄，读书未竟，虽有急速，必待卷束整齐，然后得起，故无损败，人不厌其求假焉。或有狼藉几案，分散部帙，多为童幼婢妾之所点污，风雨虫鼠之所毁伤，实为累德。吾每读圣人之书，未尝不肃敬对之；其故纸有《五经》词义，及贤达姓名，不敢秽用也。

【译文】

借来的书本，都要爱护有加，若原先有缺损的卷页，就要给人修补完好，这也是士大夫应做的百种善行之一。济阳人江禄，当他读书还未读完时，即便有非常紧急的事情，他也要先把书本放好，然后才起身，因此，他的书籍都整洁干净，别人对他来借书也不会感到厌烦。有的人把书籍乱丢在桌案上，以致书卷被弄散或遗失，多被小孩婢妾弄脏，或者被风雨虫鼠毁伤，这真是有损道德的行为。我每次读圣人写的书时，从来没有不谨慎对待的；如果废旧纸上有《五经》的词句和圣贤的名字，都绝不敢用在污秽之处。

【原文】

吾家巫觋祷请，绝于言议；符书章醮，亦无祈焉，并汝曹所见也。勿为妖妄之费。

【译文】

我们家里，从来不请那些巫婆神汉装神弄鬼；也从不请道僧画符弄法，求天祈福，这些你们都是明了的。切莫把钱浪费在这些巫妖虚妄的事情上。

家训启迪

家庭是社会的单元细胞，同时也是个人在奔波后可供停泊的温暖港湾。作为一家之长或者家庭中的成员之一，组建、维系一个家庭，无论是三口之家还是四世同堂，能使其和睦、健康地存在与发展，于自己于家人于社会都是有益的，这时候能够合理地治家持家就显得格外重要。

《治家篇》中通过几个实例向我们阐释了治家有方的必要性，同时也向我们提供了几点至今仍可以参考借鉴的治家准则。

第一，在治家的过程中，上行下效、互相影响的道理必须要明白，长辈的行为会影响晚辈，兄长的美德会感染兄弟，为人之夫的责任担当会使得夫妻感情更稳固，等等。

第二，治家需掌握好宽严的尺度，不可过于宽松也不可过于严厉，不能没有责罚但责罚也需适度。没有规矩不成方圆，过于宽容会使得家中混乱无序；过于严苛又会伤害家人的感情，产生怨恨与不满的情绪。

第三，勤俭持家是美德，浪费奢侈需节制，并且要明确区分节俭与吝啬、施舍与奢侈，做到施舍而不奢侈、节俭而不吝啬才是持家治家的最高境界。另外，关于嫁娶之事、书籍借阅、祈福消灾等古代生活方面，作者也有所涉及，对我们了解古代人们的家庭生活状况及观念也有一定的帮助。

同农业社会的大家庭相比，现代社会的家庭结构较为简单，当时的治家准则虽已是年代久远的经验总结，但仍有许多共通之处，例如上行下效、言传身教、治家宽严有度、勤俭持家等准则到现在仍是亘古不变的真理，值得我们细细品味、认真思考。

故事品读

范仲淹“吝啬”娶儿媳

范仲淹是北宋著名的政治家和文学家。他一向生活俭朴，为人正直，“先天下之忧而忧，后天下之乐而乐”，是他人品的写照。范仲淹有四个儿子，受父亲影响，个个喜文善画，富有才气，为一些豪门大户所羡慕，都想把女儿嫁到他家。庆历三年（1043年），范仲淹做了参知政事（副宰相）之后，上门为孩子提亲的更是接连不断。

范家的儿子纯佑准备成亲了。女方心想：范家兄弟多，家底厚实，结婚时应要点像样的衣物家具。如果结婚时不要，等过了门就不好张口了。而范仲淹呢，他再三向儿子交代：现在国家困难，老百姓也很穷，你结婚时不能添置昂贵的家具和华丽的衣服，一定要和普通人家一样，勤俭办婚事。不久，范仲淹听说儿媳妇不要什么昂贵家具、华美衣服了，但是还要一顶绫罗做的蚊帐，范仲淹听了气愤地说："我家素来节俭，钱财都用来帮助老百姓了，做什么绫罗帐子！"后来女方提出，既然范家不肯做这样的帐子，我们家自己做一顶好了。

范仲淹听后，仍然不依。他说："勤俭节约是我的家风，也是做人的美德，我家是不时兴讲排场的。就是她家里带来了绫罗帐子，我也不许她挂，不能乱了我的家法。"

儿媳妇听说身为副宰相的范仲淹处事这样吝啬，担心过门后窝囊过日子，心里不免有些踌躇起来。不久，有一件事却深深地感动了她。一次，范仲淹派遣他的儿子纯佑去苏州买麦子。纯佑将买的麦子装到船上，往家里运，走到丹阳，遇到范仲淹的好友石曼卿正处于贫困之中，连饭也吃不饱。范纯佑随即就把全部麦子救助了石曼卿，空着手回到家里。然后，他把事情的经过一一告诉了父亲范仲淹，父亲对儿子慷慨解囊济贫的行为，感到十分满意，连声赞扬："做得对！做得对！"

儿媳妇听了这个故事，深深地敬佩这父子二人。不久，她简衣简从，愉快地来到了范家。

拓展阅读

【原文】

初，上使太子勇参决军国政事，时有损益，上皆纳之。勇性宽厚，率意任情，无矫饰之行。上性节俭，勇尝文饰蜀铠，上见而不悦，戒之曰："自古帝王未有好奢侈而能久长者。汝为储后，当以俭约为先，乃能奉承宗庙。吾昔日衣服，各留一物，时复观之以自警戒。恐汝以今日皇太子之心忘昔时之事，故赐汝以我旧时所带刀一枚，并菹酱一合，汝昔作上士时常所食也。若存记前事，应知我心。"

——《资治通鉴》

【译文】

当初，隋文帝让太子杨勇参与决断国家军政大事，杨勇对国家大事常有增减、改动，隋文帝都采纳了他的意见。杨勇性格宽容厚道，直率任性，从来没有遮掩粉饰的行为。隋文帝为人节俭，杨勇曾经刻意修饰蜀地人做的铠甲，隋文帝看见以后很不高兴，告诫他说："自古帝王没有喜好奢侈而能享国长久的。你是后备国君，应当以节俭为大家作出表率，才能继承宗庙社稷，管好国家。我从前的衣服，每样留了一件，时常反复观看，以此作为自己的警戒。我恐怕你以今天皇太子的心态，忘却了以前微贱时的情况，因此把我以前所带佩刀一把赐给你，还有腌菜一盒，是你在北周当上士时经常吃的东西。如果你还记得从前的事，就应该理解我的用意。"

品贵"芝兰"——交友之择

没有人不需要朋友，培根说过："缺乏真正的朋友乃是最纯粹最可怜的孤独，没有友谊则斯世不过是一片荒野。"真正的友情是我们宝贵的财富，为了友情，我们甚至可以放弃生命。但我们一定要慎重，交友贵在交心，交人品。多交益友、畏友、密友，不交损友、昵友、贼友。正所谓"亲君子，远小人"。人生之成功与否，与所交朋友之贤与不肖关系甚重。交损友，则如体生疮，自找苦吃，为害实深；交益友，则如体生翼，能助己高飞，受益无穷。故交友之道，宁缺毋滥，贵在得贤，切不可苟且容合，危害己身。

慕贤篇

【原文】

古人云："千载一圣，犹旦暮也；五百年一贤，犹比髆也。"言圣贤之难得，疏阔如此。傥遭不世明达君子，安可不攀附景仰之乎？吾生于乱世，长于戎马，流离播越，闻见已多；所值名贤，未尝不心醉魂迷向慕之也。人在少年，神情未定，所与款狎，熏渍陶染，言笑举动，无心于学，潜移暗化，自然似之；何况操履艺能，较明易习者也？是以与善人居，如入芝兰之室，久而自芳也；与恶人居，如入鲍鱼之肆，久而自臭也。墨翟悲于染丝，是之谓矣。君子必慎交游焉。孔子曰："无友不如己者。"颜、闵之徒，何可世得！但优于我，便足贵之。

【译文】

古人说："千载一圣，犹旦暮也；五百年一贤，犹比髀也。"意思是说圣贤十分难寻，要经过很长时间才能发现一个。假如碰上了世上罕有的明达君子，怎么能不攀附景仰他呢？我成长在乱世之中，在兵荒马乱中长大，无家可归，所听到的和所看到的够多了；但遇到名人贤士，曾经也会心醉神迷地崇拜他。人在年轻的时候，精神性情尚未成熟，与圣贤之士亲近还可以受到其熏陶。他的言行举止，音容笑貌，即使无心去仿效，但在潜移默化中，自然跟他相似；何况操守和技能，是比较容易掌握的东西呢？因此，与善人相处，就像与芷兰香草共处一室，时间久了，自己也会变得芳香了；与恶人相处，就像是进入满是鲍鱼的房间，时间久了，人也变得跟鲍鱼一样臭。墨子有感于染丝而悲叹，他说的也是一样的道理。君子结交朋友一定要谨慎啊。孔子说："不要跟不如自己的人做朋友。"像颜回、闵损那样的贤人，我们一辈子都很难遇上！但只要比我强的，那也就值得我尊敬他了。

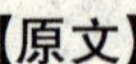

【原文】

世人多蔽，贵耳贱目，重遥轻近。少长周旋，如有贤哲，每相狎侮，不加礼敬；他乡异县，微借风声，延颈企踵，甚于饥渴。校其长短，核其精粗，或彼不能如此矣。所以鲁人谓孔子为东家丘，昔虞国宫之奇，少长于君，君狎之，不纳其谏，以至亡国，不可不留心也。

【译文】

世上的人大部分没有见识，对传闻的人和事十分相信，对自己亲眼看见的却不相信，对远方的人十分重视，对自己身边的人却常常忽略。跟自己一起长大的人，如果当中有人成了贤达之士，往往就对他轻狎怠慢，缺少敬意；如果是异乡别县的人，只凭听到了他们一点点的名声，就争着去认识一下，以致伸长了脖子，踮起了脚跟，如饥似渴地去仰慕。比较两个人的长短，核对两者的优劣，或许远方的圣人不如自己身边的贤士。因此，鲁国的人不把孔子视为圣人，而称之为“东家丘”。从前虞国的宫之奇，与国君一块长大，国君与他较为亲近，因而不肯受他的劝告，以至亡了国。这个教训我们不可不引以为戒啊！

【原文】

用其言，弃其身，古人所耻。凡有一言一行，取于人者，皆显称之，不可窃人之美，以为己力；虽轻虽贱者，必归功焉。窃人之财，刑辟之所处；窃人之美，鬼神之所责。

【译文】

听从别人的言语，嫌弃这个人本身，古人认为这是非常耻辱的。凡是一句话，或一个举措，取自于他人的，都应该公开弘扬，不能够掠人之美，当作是自己的功劳；即使是地位低下之人，身份卑微之士，也要把功劳归功于他。盗窃他人的物品，会受到刑律的处罚；盗窃别人的功绩，会遭到鬼神的斥责。

家训启迪

教育孩子认识世界的一个重要方面就是教育孩子如何择友。中国人自古以来就既重师，又重友，把“朋友有信”视为人伦的重要内容，交友，在人的一生中非常重要，培根曾经说过：“缺乏真正的朋友乃是最纯粹最可怜的孤独，没有友谊则斯世不过是一片荒野；……凡是天性不配交友的人其性情可说是来自禽兽而不是来自人类的。”

如果孩子还没有朋友，则应鼓励孩子树立交友的信心。在现实生活中，很多细心的父母，假如发现孩子在某些方面有兴趣和特长，就会为他结识这方面的新朋友提供机会，从而让他在交往中增强自信心。托马斯·伯恩特说：“友谊建立在共同兴趣的基础上。如果你的孩子朋友不多，那么就努力培养他的多种兴趣。这样，在参加共同活动中，可以逐步建立朋友之间的友谊。”

假如孩子已经有了自己的朋友，家长要对他们的友谊予以肯定，并且在孩子和朋友的交往过程中要不断地进行指导：对待朋友要真诚，不能欺诈，要严于律己，宽以待人。由于每个人的性格和兴趣各不相同，因此，在交往中就应当尊重朋友的意愿，主动寻找双方都感兴趣的事物进行交谈。另外，由于每个人都有自己的心理敏感区，因此，在平时说话、开玩笑时应当注意尽量不要触及朋友心灵的“疮疤”。

另外，对于孩子的朋友，家长要热情欢迎他们来家做客。当孩子的朋友来家里时，父母应该说“我们家来朋友啦，欢迎欢迎”或者“真高兴我的孩子有你这样的朋友，你们能来太好了！”而且要鼓励孩子认真接待，让孩子的朋友感觉到你对他们的支持和赏识。

那么，在孩子的成长过程中，需要结交哪几类朋友呢？

第一，交往的第一个朋友。孩子交往的第一个朋友往往是街坊邻居家的孩子，这往往能让孩子了解到交朋友是件有意思的事。对于这种玩伴，父母无须硬让他们在一起做游戏，只需要让他们自己在安全的环境下玩就可以了。在孩子玩的时候，要鼓励他们做互帮互助的游戏，让孩子在游戏中促进友情的健康发展。

第二，异性朋友。早让孩子和异性朋友接触有利于他长大之后与异性交流和沟通起来更为方便、没有障碍，同时他也会对异性更加尊重。男孩和女孩在幼年时期没有什么区别，但是在4岁以后，孩子开始倾向于和同性朋友

相处。父母应当想办法让孩子多和异性朋友接触，强调异性朋友带来的正面影响。双方家长最好不要提“定娃娃亲”这类的话，以免让孩子感到尴尬，不知所措。

第三，喜爱运动的朋友。运动能够使人增强体质、活力四射，经常参加运动的孩子性格开朗，能给周围的小伙伴以积极向上的影响。父母要鼓励孩子多运动，多带孩子去游泳馆、体育馆等场所，让孩子多结交喜爱运动的朋友，而不是成天躲在家里面看电视、打游戏的朋友。

第四，年龄稍大的朋友。孩子的堂哥堂姐或者是学校里面高年级的学生都可以做孩子的好朋友，他们有更高的心智水平，在行为和言语上会给孩子树立榜样。因此，家长应当帮助孩子发现其朋友的优势所在，让孩子以其为榜样，并积极地向他们学习。

对于和孩子交往的这些朋友，父母不应过于求全责备，也不能处处束缚，应当给他们足够的尊重和自由，让孩子乐在其中，享受友谊带来的快乐。

父母还要鼓励孩子多参加社会交往，多结交朋友，并且能够尊重孩子的朋友，这样，孩子才能感觉到自己在父母心中的地位，从而对父母更加信赖。同时还能够锻炼孩子的交往能力，促进孩子之间友谊的形成和巩固，促使他们互相帮助、互相学习。

故事品读

近朱者赤，近墨者黑

晋朝大臣傅玄是个品学兼优的人，为人正派，很受皇帝敬重，于是被请来做太子的老师。皇帝请他不仅教太子如何做学问，更重要的是教太子如何做人，如何将来做个好皇帝。

太子府里的人很多，除了宫女、太监外还有大批为太子办事的官员，因此各式各样的人都有。但是真心对待太子的人却不多，他们大都是为了讨好太子，以求将来太子登基赏他们一官半职。

当时太子年纪尚轻，喜欢玩耍，不喜欢读书。在傅玄来之前，也请了几位老师来教太子，可是这些老师不敢严格要求太子，太子想玩就放他出去玩，偶尔太子还以捉弄老师为乐。而太子身边的太监、侍从们就成为太子的“忠实”拥护者，太子想干什么就干什么。傅玄来了以后，在功课上严格要求太子，可是太子贪玩的心还是没有收回来，老师一走就又胡闹起来。

他身边的人几乎没有人敢劝阻太子，都为了讨好他，事事听从他的安排。傅玄几次来上课的时候都发现太子在玩耍，丝毫没有明君的风范，同时傅玄还发现太子身边的人总是唯太子马首是瞻，一味奉承他，夸奖他，即使太子做得不好，侍从们也违心说好。傅玄看了这一切心里十分忧虑，心想：皇上把教导太子的重任交给我，我不能辜负皇上的厚爱，太子在这样的一个环境中是很难学好的，我必须让他意识到事情的严重性啊！

一天，当傅玄在给太子讲课的时候，他讲道：“要想做一个好人，做一个好皇帝，一定要接近正派的人。如果常接近朱砂，就一定被染红；而常接近墨水，就会被染黑，对自己一定要严格要求，行为要端正，只有这样，周围的人才会跟你学，正派的人才会聚拢到你的身边。譬如，声音清亮，回声就一定甜美；自己站得直，影子就一定不会斜。”

太子听不太明白，问傅玄到底想要说什么。傅玄继续解释说：“您如果接近正人君子，那么符合道义的话就会听得多，自己的行为就会逐渐符合规范和准则。倘若您多接近小人，那就有如进入卖鲍鱼的店一样，时间久了，您就闻不到兰花的香味了。”太子听后，陷入了沉思，想想自己平时不学无术，就知道任性玩耍，而身边却没有一个人敢像老师一样直言劝诫，心中不由得感叹自己的确做错了。

不久皇帝听说了这件事，很欣赏傅玄说的那段话，就让人把这些话写在屏风上，放在太子房中，让他每天读一遍，以用来时刻提醒自己，勉励自己规范自己的行为。

拓展阅读

【原文】

交游之间，尤当审择。虽是同学，亦不可无亲疏之辨。此皆当请于先生，听其所教。大凡敦厚忠信，能攻吾过者，益友也；其谄谀轻薄，傲慢亵狎，导人为恶者，损友也。推此求之，亦自合见得五七分。更问以审之，百无所失矣。但恐志趣卑凡，不能克己从善，则益者不期疏而日远，损者不期近而日亲，此须痛加检点而矫革之，不可荏苒渐习，自趋小人之域。

——朱熹《朱文公文集·与长子受之》

【译文】

结交朋友，与朋友往来，尤其应当谨慎选择。即使是同学，也不可没有亲疏之分。这些都应当向老师请教，听从他的教导。同学中凡是朴实厚重、待人忠诚、讲信用、能指出自己过错的人，是有益的朋友；而那些逢迎巴结、轻佻浮薄、对人傲慢、行为放荡、诱人作恶的人，则是对自己有害的朋友。按照这个标准去寻求朋友，自己就可以掌握个大概，再加上多方面的了解，就可百无一失。只恐怕你自己的志趣卑下凡庸，不能严格要求自己，那么有益的朋友，你不想疏远，也会一天天与你疏远；有害的朋友，你不想亲近，也会一天天与你亲近。这就必须要求你自己痛加检点，决心纠正，不可逐渐沾染恶习，使自己走向小人之流的圈子。

春华秋实——学习之法

知识是海洋，浩瀚无边，而人非圣贤，不能生而知之，故须勤学，“自古明王圣帝，犹须勤学，况凡庶”呢！勤学的目的在于开心明目，以利于行，从勤学中学习为人处世的道理，弥补自身的不足，以成就自己的美好品德；切不可以学自损，妄自尊大，“凌忽长者，轻慢同列”，招致怨尤，否则，知识再丰富，也是无益的。勤学须早，因“人生小幼，精神专利”，易于诵记，事半功倍；若少时错失时机，亦不可自弃，晚学同样可贵，因为“幼而学者，如日出之光，老而学者，如秉烛夜行，犹贤乎瞑目而无见”之人。这些勉学的道理，对于那些有志于学而尚处于徘徊中的少年和成人，不失为一剂强心针，当谨记而躬行之！

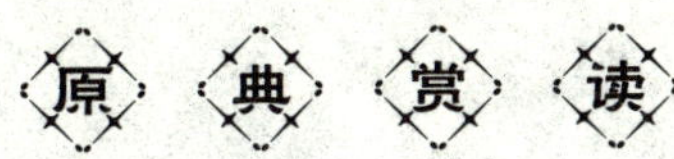

勉学篇

【原文】

人见邻里亲戚有佳快者，使子弟慕而学之，不知使学古人，何其蔽也哉？世人但知跨马被甲，长矛强弓，便云我能为将；不知明乎天道，辨乎地利，比量逆顺，鉴达兴亡之妙也。但知承上接下，积财聚谷，便云我能为相；不知敬鬼事神，移风易俗，调节阴阳，荐举贤圣之至也。但知私财不入，公事夙办，便云我能治民；不知诚己刑物，执辔如组，反风灭火，化鸱为凤之术也。但知抱令守律，早刑晚舍，便云我能平狱；不知同车观罪，分剑追财，假言而奸露，不问而情得之察也。爰及农商工贾，厮役奴隶，钓鱼屠肉，饭牛牧羊，皆有先达，可为师表，博学求之，无不利于事也。

【译文】

人们看到邻里亲戚有优秀人才的，便让子弟慕名学习，却不知让他们去学习古人，这是多么愚昧啊？世人只知跨马披甲，手握长矛强弓，便说自己也能成为将领；却不知明察天之变化规律，辨识地势利害关系，权衡战中逆顺之境，审察洞彻兴盛衰亡的奥秘。只知道承上接下，积财聚谷，便说自己能做宰相；却不知要有敬事鬼神，移风易俗，调节阴阳，举荐贤能的能力。只知道不谋私财，及早处理公事，便说自己能治理百姓；却不知要有诚己正人，驾驭车马，救灾灭祸，化鸱为凤的本领。只知死守律令，及时判刑赦免，便说自己能执法；却不知同辕观罪，分剑追财，用假言使犯罪者暴露，不用审讯便知情的洞察力。至于农夫、商贾、工匠，厮役、奴隶，渔民、屠夫，喂牛、牧羊的人之中，都有显达的先辈，可以作为学习的典范，广泛地向他们学习，没有不利于成就事业的。

【原文】

夫所以读书学问，本欲开心明目，利于行耳。未知养亲者，欲其观古人之先意承颜，怡声下气，不惮劬劳，以致甘腰，惕然惭惧，起而行之也；未知事君者，欲其观古人之守职无侵，见危受命，不忘诚谏，以利社稷，恻然自念，思欲效之也；素骄奢者，欲其观古人之恭俭节用，卑以自牧，礼为教本，敬者身基，瞿然自失，敛容抑志也；素鄙吝者，欲其观古人之贵义轻财，少私寡欲，忌盈恶满，赒穷恤匮，赧然悔耻，积而能散也；素暴悍者，欲其观古人之小心黜己，齿弊舌存，含垢藏疾，尊贤容众，苶然沮丧，若不胜衣也；素怯懦者，欲其观古人之达生委命，强毅正直，立言必信，求福不回，勃然奋厉，不可恐慑也：历兹以往，百行皆然。纵不能淳，去泰去甚。学之所知，施无不达。世人读书者，但能言之，不能行之，忠孝无闻，仁义不足；加以断一条讼，不必得其理；宰千户县，不必理其民；问其造屋，不必知楣横而棁竖也；问其为田，不必知稷早而黍迟也；吟啸谈谑，讽咏辞赋，事既优闲，材增迂诞，军国经纶，略无施用：故为武人俗吏所共嗤诋，良由是乎！

夫学者所以求益耳。见人读数十卷书，便自高大，凌忽长者，轻慢同列；人疾之如仇敌，恶之如鸱枭。如此以学自损，不如无学也。

【译文】

之所以读书做学问，本意在于开阔胸襟拓宽视野，有利于行事。不知道赡养双亲的人，要让他看看古人是怎样探知父母心意，顺承父母脸色，和声下气，不怕劳苦，弄来甘美软嫩食品的，从而惭愧畏惧，起而照办；不知道侍奉君主的人，要让他看到古人是如何尽忠职守，不越权位，临危授命，不忘忠心进谏，以有利于社稷的，从而悲痛自省，想要效法古人；一向骄横奢侈的人，要让他看到古人的恭俭节约，谦卑自守，以礼为教本，以恭敬为立身基本，从而警觉自己的过失，收敛傲慢抑制骄奢；一向鄙陋吝啬的人，想要让他看到古人重义轻财，少私寡欲，忌讳厌恶过分贪财，周济穷困百姓，从而感到羞愧耻辱，积财能散；一向残暴凶悍的人，要让他看到古人隐忍谨慎约束自己，懂得刚者易折、柔者难毁的道理，宽容大度，尊贤纳众，从而气焰顿消，做出谦恭退让的样子；一向怯懦的人，要让他看到古人通达人生，听天由命，刚毅正直，立言必信，祈求福运不行邪僻，从而勃然奋力，无所畏惧；这样类推下去，百行无不如此。即使无法使风气纯正，至少可以去除过于严重的行为。学习所得到的知识，在哪里都可以运用。如今的读书人，往往只能说到，不能做到，忠孝谈不上，仁义也不足；加上审判一桩诉讼，不一定懂得其中的事理；管治千户小县，不一定能治理好百姓；问他造房子，不一定知道楣是横的而棁是竖的；问他耕田，不一定知道稷早而黍迟；高声吟唱谈笑戏谑，写诗作赋，悠闲自在，只能增加些迂阔荒诞的才能，对处理军国大事，则毫无用处：所以被武官俗吏共同嘲笑辱骂，确实有以上的原因啊！

学习是为了有所收益。看见有些人读了几十卷书，便高傲自大，轻慢长者，看不起同辈；大家仇视他如同对待仇敌，厌恶他如同对待鸱枭。像这样因学习而使自己品行受损的事情，还不如不学习。

【原文】

古之学者为己，以补不足也；今之学者为人，但能说之也。古之学者为人，行道以利世也；今之学者为己，修身以求进也。夫学者犹种树也，春玩其华，秋登其实。讲论文章，春华也，修身利行，秋实也。

人生小幼，精神专利，长成已后，思虑散逸，固须早教，勿失机也。吾七岁时，诵《灵光殿赋》，至于今日，十年一理，犹不遗忘；二十之外，所诵经书，一月废置，便至荒芜矣。然人有坎壈，失于盛年，犹当晚学，不可自弃。孔子云：“五十以学《易》，可以无大过矣。”魏武、袁遗，老而弥笃，此皆少学而至老不倦也。曾子七十乃学，名闻天下；荀卿五十，始来游学，犹为硕儒；公孙弘四十余，方读《春秋》，以此遂登丞相；朱云亦四十，始学《易》《论语》；皇甫谧二十，始受《孝经》《论语》：皆终成大儒，此并早迷而晚寤也。世人婚冠未学，便称迟暮，因循面墙，亦为愚耳。幼而学者，如日出之光，老而学者，如秉烛夜行，犹贤乎瞑目而无见者也。

【译文】

古人求学是为了充实自己，以弥补自身不足；当代人求学是为向别人炫耀，只能夸夸其谈。古人求学是为别人，即奉行儒道有利于世；当代人求学是为自己，即修养身心以谋求进取之心。学习就如同种树，春天观赏它的花朵，秋天采摘它的果实。讲论文章，好比观赏春花，修身利行，好比采摘秋果。

人在幼小的时候，精神专一，长大成人以后，思虑分散，因此必须进行早教，避免失掉教育时机。我七岁时，背诵《灵光殿赋》，直到今天，虽十年温习一次，仍没有忘记；二十岁之后，所背诵的经书，只要搁置一个月，便生疏了。但人总会有困顿的时候，即使在壮年失去求学机会，也应该在晚年学习，不可自弃。孔子说："五十岁来学习《易经》，就可以没有大过失了。"魏武帝、袁遗，年老时愈加笃学，这都是从小就学习到年老也不厌倦的例子。曾子七十岁时才开始学习，名闻天下；荀卿五十岁时，才开始游学，仍成为了儒学大家；公孙弘四十多岁时，才读《春秋》，因此就当上了丞相；朱云也是四十岁时，才开始学习《易经》《论语》；皇甫谧二十岁时，才开始学习《孝经》《论语》：最终都成了儒学大家，这都是早年迷茫而晚年醒悟的人。世人到婚冠的年纪没有学习，就以为晚了，因循保守好像面对着墙壁，也太愚蠢了。幼年学习的人，就像日出之光，老而学习的人，就像秉烛夜行，但总比闭着眼睛什么也看不见的人要好。

【原文】

学之兴废，随世轻重。汉时贤俊，皆以一经弘圣人之道，上明天时，下该人事，用此致卿相者多矣。末俗已来不复尔，空守章句，但诵师言，施之世务，殆无一可。故士大夫子弟，皆以博涉为贵，不肯专儒。梁朝皇孙以下，总丱之年，必先入学，观其志尚，出身已后，便从文史，略无卒业者。冠冕为此者，则有何胤、刘瓛、明山宾、周舍、朱异、周弘正、贺琛、贺革、萧子政、刘绦等，兼通文史，不徒讲说也。洛阳亦闻崔浩、张伟、刘芳，邺下又见邢子才：此四儒者，虽好经术，亦以才博擅名。如此诸贤，故为上品，以外率多田野间人，音辞鄙陋，风操蚩拙，相与专固，无所堪能，问一言辄酬数百，责其指归，或无要会。邺下谚云："博士买驴，书券三纸，未有驴字。"使汝以此为师，令人气塞。孔子曰："学也禄在其中矣。"今勤无益之事，恐非业也。夫圣人之书，所以设教，但明练经文，粗通注义，常使言行有得，亦足为人；何必"仲尼居"即须两纸疏义，燕寝讲堂，亦复何在？以此得胜，宁有益乎？光阴可惜，譬诸逝水。当博览机要，以济功业；必能兼美，吾无间焉。

【译文】

学习风气的兴盛衰退，取决于社会对知识的轻视或看重。汉时才德出众之人，都凭一部经书来弘扬圣人之道，上通天时，下知人事，以此达到卿相官位的人有很多。汉末以后就不再是这样了，读书人拘泥于章句之学，只会背诵老师的言论，应用到时务上，几乎没有行得通的。所以士大夫的子弟，都看重广泛涉猎，不肯专攻儒学。梁朝从皇孙以下，在童年时期，就必须先让他们入学读书，观察他们的志向，走上仕途以后，便从事文史的事务，很少有能结业的。当官后仍坚持学习的，有何胤、刘瓛、明山宾、周舍、朱异、周弘正、贺琛、贺革、萧子政、刘绦等人，他们兼通文史，不只是口头上讲说而已。在洛阳也听说有崔浩、张伟、刘芳，在邺下又见到邢子才：这四位儒者，虽然都喜好经术，但也以才识广博而闻名。像这样的诸位贤士，自然可作为上品，除此之外大多是田野闲人，言辞鄙陋，举止笨拙，却还都固执专断，没有什么事情能胜任，问一句则回答数百句，责问其主旨，则大多不得要领。邺下有俗语说："博士买驴，写了三张契约，没有一个驴字。"如果让你以这种人当作老师，会被他气死。孔子说："学习，俸禄就在其中。"现在人们勤于没有用的事情，恐怕不是正业。圣人的书籍，是用来教育人的，只要熟悉经文，粗略通晓注释含义，常使自己言行与此符合，也足以立身为人了；何必"仲尼居"就得用两张纸去释义，将"居"字解释为闲居之处或者讲习经术之所，又都在什么地方呢？以此争论胜负，难道有什么益处吗？光阴应该珍惜，它像流水一般流逝不再复还。应当博览精要，以成就功名事业；如果能兼顾博览与专精，那我就没什么可指责的了。

【原文】

俗间儒士，不涉群书，经纬之外，义疏而已。吾初入邺，与博陵崔文彦交游，尝说《王粲集》中难郑玄《尚书》事。崔转为诸儒道之，始将发口，悬见排蹙，云："文集只有诗赋铭诔，岂当论经书事乎？且先儒之中，未闻有王粲也。"崔笑而退，竟不以《王粲集》示之。魏收之在议曹，与诸博士议宗庙事，引据《汉书》，博士笑曰："未闻《汉书》得证经术。"收便忿怒，都不复言，取《韦玄成传》，掷之而起。博士一夜共披寻之，达明，乃来谢曰："不谓玄成如此学也。"

【译文】

世间的儒生，不涉猎群书，除了研读经书和纬书之外，只看看解释这些儒家经书的注疏而已。我刚到邺下的时候，和博陵的崔文彦交往，曾说起过《王粲集》中有责难郑玄《尚书注》的事情。崔文彦转而向几位儒生讲述此事，才刚开口，便被无端指责，说："文集里只有诗、赋、铭、诔，难道会有论及经书的问题吗？况且先儒之中，没听说有王粲这个人。"崔文彦笑而告退，终究没把《王粲集》拿给他们看。魏收担任议曹时，和几位博士谈论宗庙的事，他引《汉书》为依据，博士们笑道："没听说过《汉书》可以用来论证经学。"魏收非常愤怒，不再说一句话，拿出《韦玄成传》，丢在他们面前而起身离开。博士们连夜共同翻阅《韦玄成传》，一直到天亮，才来道歉说："没想到韦玄成还有这样的学问啊。"

家训启迪

学习是一个漫长的过程，就像小树长成大树一样，不可能像童话里面一样，一夜之间从小孩子变成成年人，从一棵幼苗成长为参天大树。树木成材，有的需要5~10年，有的需要20~50年，依据自身的质地而定；人的成才也是一样的道理。有的人天生聪慧，英雄出少年，那是天才；有的人大器晚成，40~50岁才崭露头角大有人在。但是过去的20~30年不是白白过去的，是用汗水浇灌出来的。

天才也许是天生就具备的，我想大器晚成的人却是后天可以选择、努力、奋斗、争取的。关键在于，有多少人，可以坚持二三十年？不是一早就被生活压弯了腰，就是自暴自弃放弃了持续的努力。于是，大器晚成者，远远比少年天才要少！如果从物以稀为贵的尺度来衡量的话，后者要比前者还宝贵；另外，也给了后人以希望——即使你天资一般，但是勤能补拙，只要付出加倍的努力，依然可以实现理想。人的因素，由此可以抗衡天生的因素。需要的只是持之以恒、锲而不舍的学习精神！没有持之以恒的学习过程，我们难免会遇到一些困难和障碍。

拦路虎成群，解决了一个又来一个，而这些问题，我相信都是非常基础的问题，只要知道是那么一回事，只需要检索一下参考资料，就可以轻松解决了。

只知道其一，不知道其二；只知道其所然，不知道其所以然。既然来龙去脉不了解，那么肯定是一知半解，下次碰上类似的问题，又必须花上同样的努力来寻找答案了。与其这样吃力不讨好，有现成的学习资料，为什么不先好好学习一遍，即使不能完全领会，至少也可以知道个大概。碰上类似的环境时，思维自然就活跃起来，思路就不会局限于问题所设定的条件中了。

我们知道学习是一种过程，是一种人生必定的经历，是成长过程中不可避免的事情。可是学习是怎样的一个过程？

首先，是培养认真习惯的一个过程。如果教师布置的作业都能及时去做，字写得很工整，长期下来就培养了一种认真的习惯。学习中，就能按

时完成自己的计划，就能认认真真完成每一件小事，就为你成就大事奠定了基础。

其次，培养你的耐性。我们都知道，任何一件事都不是一蹴而就的，它需要一个过程。这个过程需要时间，需要你的等待。而且，生活会像你现在的学习一样，每天都是一个固定的内容，你所从事的工作，每天都是固定的一件事情，如果缺乏耐心你就无法完成你的生活、你的工作，其直接结果就是三天两头换一个工作。而在每个工作中都无法获得成就。可以说，一个工作熟练了，你最烦心的时候，也是你获得成绩的时候。

最后，培养你克服困难的习惯。学习中，你会遇到无法逾越的知识障碍，你会在学习中感到烦心，在学习中你会对自己的前途感到迷茫，有一种焦虑感。而在我们踏入社会后，你也会遇到同样的事情，这个时候你会怎样做？是做个勇士，勇敢地面对困难？还是做个懦夫，逃避困难？如果在学习中你选择勇士的行为，那么在生活中你必定会勇敢地面对困难，奔向你的人生顶峰。反之，如果你逃避困难，那么你会在确定一个目标后，畏难而退，换取另一个目标，这样的事情你会重复千百次，结果就可想而知。这也是大多数人不能成功的原因所在。

如果你能在学习中认认真真，克服困难，坚持不懈，那么你就会有一种打不败、勇往直前的精神，就会成为别人学习的楷模。

故事品读

纸上谈兵

众所周知，伯乐是以相马闻名于世的。后来，他把自己的相马经验写成了一本《相马经》。他的儿子看过此书后，乐不可支，认为自己也会相马了，于是便出门寻马，结果却相回来一只大蛤蟆。伯乐哭笑不得，问他怎么相的。他儿子说：你的《相马经》不是说，骏马的特征是“隆柔蛞舌，蹄如累鞠”吗？

这个故事听起来让人忍不住捧腹大笑，但是也让人深思，它嘲讽了那些一切以书为法的读书人。那些书呆子不能将书本知识应用在实践当中，不知道把学与用结合起来，因此，在关键时刻往往会误了大事，酿成大祸。

战国时期的赵括便是著名的例子。赵括是赵国名将赵奢的儿子，小时爱学兵法，谈起用兵的道理来，头头是道，自以为天下无敌，连他父亲也不放在眼里。长平之战，赵孝成王误中秦国的反间计，不顾众人反对，撤下作战经验丰富的廉颇，起用毫无作战经验的赵括。自恃才高、目中无人的赵括虽然熟读兵法，但却不会临阵应变，一到长平就被白起引入预先埋伏好的地区，结果被围困四十多天。最后，赵括带兵想冲出重围，秦军万箭齐发，赵括被乱箭射死。赵军知道主将被杀，也纷纷扔了武器投降。四十万赵军，就在纸上谈兵的主帅赵括手里全军覆没了。

赵括熟读兵书，倒背如流，其结果只能是纸上谈兵，做了秦人的刀下鬼。正所谓"尽信书则不如无书"。看来读书不能死记硬背，做纸上谈兵的谈客，要领悟其中精髓，真正做到学以致用。

拓展阅读

【原文】

"玉不琢，不成器；人不学，不知道。"然玉之为物，有不变之常德。虽不琢以为器，而犹不害为玉也。人之性，因物则迁，不学，则舍君子而为小人，可不念哉！付弈。

——《欧阳永叔集·诲学说》

【译文】

"玉石不经过精雕细琢，就不能变成美丽的工艺品；人不通过读书学习，就不可能明白万事万物的法则。"然而玉石这东西，有不可改变的特性。尽管不去雕琢它，使它变成工艺品，它仍然是一块玉石。人就不同了，人的性情经常随环境的改变而变化，如果不学习，就会远离君子而变成小人，这能不引起注意吗？以此送给弈。

“实”至“名”归——修身之得

“虚名”不可贪求。在多数情况下，名与实的关系，就好比形体与影像的关系，一味地追求名利，却不加强自身修养，就如同照镜子一样，终究要妍媸毕露。因此，立身处世要名副其实，如果你想要得到好的名声，就应该从根本上来完善自己，从而改变周围人对自己的看法。自身完善了，自身实力加强了，则好的名声自然而然会到来，毕竟总用浓妆艳抹来装饰掩盖并不是长久之计。

名实篇

【原文】

名之与实，犹形之与影也。德艺周厚，则名必善焉；容色姝丽，则影必美焉。今不修身而求令名于世者，犹貌甚恶而责妍影于镜也。上士忘名，中士立名，下士窃名。忘名者，体道合德，享鬼神之福佑，非所以求名也；立名者，修身慎行，惧荣观之不显，非所以让名也；窃名者，厚貌深奸，干浮华之虚称，非所以得名也。

【译文】

名与实的关系，就好比形体与影像。德艺双馨的人，则名声一定不错；容貌美丽的人，则影像也一定好看。今日不修身养性就想在世上求得好名声的人，就好比容貌非常丑陋却希望在镜子上看见自己美丽的影像一样。上等人不计名利，中等人树立名声，下等人窃取名誉。不计名利的人，洞察事物规律，言行合乎道德，享有鬼神的庇佑，因而不靠这些来求取名声；树立名声的人，修身养性、谨慎行事，唯恐美名不够显达，因而不会谦让好名声；窃取名誉的人，貌似敦厚而内心奸诈，追求浮华的虚名，因而得不到好名声。

【原文】

人足所履，不过数寸，然而咫尺之途，必颠蹶于崖岸，拱把之梁，每沉溺于川谷者，何哉？为其旁无余地故也。君子之立己，抑亦如之。至诚之言，人未能信，至洁之行，物或致疑，皆由言行声名无余地也。吾每为人所毁，常以此自责。若能开方轨之路，广造舟之航，则仲由之言信，重于登坛之盟，赵熹之降城，贤于折冲之将矣。

【译文】

人脚所踏的地方，不过几寸，然而走在咫尺宽的山路上，一定会跌落山崖，走在很窄的独木桥上，往往会掉进河里，为什么呢？是因为脚旁没有余地的缘故。君子立足社会，也是这个道理。最诚恳的言语，别人未必会相信，最高洁的行为，也往往会招致怀疑，这都是因言行名声，没有回旋的余地。我经常被人诋毁，也常常为此自责。如果能开辟平坦的大道，加宽渡河的浮桥，那么就会像仲由一样说话令人信服，胜过诸侯登坛的盟约，像赵熹一样以信义招降敌军的城池，这远胜过战场上克敌制胜的将领。

【原文】

吾见世人，清名登而金贝入，信誉显而然诺亏，不知后之矛戟，毁前之干橹也！虙子贱云："诚于此者形于彼。"人之虚实真伪在乎心，无不见乎迹，但察之未熟耳。一为察之所鉴，巧伪不如拙诚，承之以羞大矣。伯石让卿，王莽辞政，当于尔时，自以巧密；后人书之，留传万代，可为骨寒毛竖也。近有大贵，以孝著声，前后居丧，哀毁逾制，亦足以高于人矣。而尝于苫块之中，以巴豆涂脸，遂使成疮，表哭泣之过。左右童竖，不能掩之，益使外人谓其居处饮食，皆为不信。以一伪丧百诚者，乃贪名不已故也。

【译文】

我看世人，清名远扬后就开始谋钱纳财，信誉卓著后就开始食言，殊不知后面所说的矛戟，已经穿透前面所说的盾牌了！虙子贱说："在这件事上做到了诚实，在那件事上就形成了榜样。"人的虚实真伪在于内心，但无不在言行之中表现出来，只是人们没有仔细观察罢了。一旦被考察的人识别了，再巧妙的伪装也比不上愚钝的真诚，他们蒙受羞辱可就大了。伯石假意推让卿位，王莽假意辞让高官，在那个时候，自以为巧妙周密；被后人记载下来，留传万代，让今时之人看来可谓骨寒毛竖。近来有位大贵人，以孝著称，他在居丧期间，因过度悲伤而伤害了身体，孝心也算超乎常人了。可他在服丧期间，用巴豆涂脸，使脸上生出疮来，以表明他哭得多么厉害。然而他身边的僮仆，没能替他掩盖此事，反而使得外人对他居丧时的起居饮食，都持怀疑态度。因一次伪装而把一百件诚实的事都抹杀了，这是太过贪名的缘故啊。

【原文】

有一士族，读书不过二三百卷，天才钝拙，而家世殷厚，雅自矜持，多以酒犊珍玩，交诸名士，甘其饵者，递共吹嘘。朝廷以为文华，亦尝出境聘。东莱王韩晋明笃好文学，疑彼制作，多非机杼，遂设宴言，面相讨试。竟日欢谐，辞人满席，属音赋韵，命笔为诗，彼造次即成，了非向韵。众客各自沉吟，遂无觉者。韩退叹曰："果如所量！"韩又尝问曰："玉珽杼上终葵首，当作何形？"乃答云："珽头曲圜，势如葵叶耳。"韩既有学，忍笑为吾说之。

【译文】

有一个士族子弟，读的书不过二三百卷，天资愚钝笨拙，而家世殷厚，很是自鸣得意，经常用酒肉珍宝来结交多位名士，得到他好处的人就竞相吹捧他。朝廷以为他有才华，也曾派他出境访问。东莱王韩晋明非常喜爱文学，怀疑这位人士的作品，认为多半不是出自他本人的构思创作，于是就设宴叙谈，想当面试探一下他。当日气氛欢乐和谐，高朋满座，吟诗作赋，提笔成文，这位人士也是一挥而就，可全无以前作品的韵味。客人们都各自沉思，便无人发觉。韩晋明退席后感叹说："果然如我所料！"韩晋明曾经又问过他："把玉珽刮削到椎头时，应该是什么形状？"他回答说："玉珽头部弯曲且圆，形如葵叶。"韩晋明很有学问，他忍着笑把这件事说给我听。

【原文】

治点子弟文章，以为声价，大弊事也。一则不可常继，终露其情；二则学者有凭，益不精励。

【译文】

修改润色子弟的文章，为他们抬高身价，这是一大弊端。一则不能长此以往，最终会露出实情；二则子弟们认为有了依赖，就更加不会努力了。

【原文】

邺下有一少年，出为襄国令，颇自勉笃。公事经怀，每加抚恤，以求声誉。凡遣兵役，握手送离，或赍梨枣饼饵，人人赠别，云："上命相烦，情所不忍；道路饥渴，以此见思。"民庶称之，不容于口。及迁为泗州别驾，此费日广，不可常周，一有伪情，触涂难继，功绩遂损败矣。

【译文】

邺下有一个少年，出任襄国县令，很是勤勉好学。尽心办理公务，并经常抚恤百姓，以此谋求声誉。凡是派遣兵役，均握手相送，有时还赠给他们梨枣糕饼，并一个人一个人地告别，说："皇命相托，我内心实在不忍；你们路上饥渴，以此聊表思念。"百姓对此事赞不绝口。等到他升任为泗州别驾，这样的费用日益增加，无法做到面面俱到，一旦有点虚情假意，便处处难以为继，功绩也就损坏败落了。

【原文】

或问曰："夫神灭形消，遗声余价，亦犹蝉壳蛇皮，兽远鸟迹耳，何预于死者，而圣人以为名教乎?"对曰："劝也，劝其立名，则获其实。且劝一伯夷，而千万人立清风矣；劝一季札，而千万人立仁风矣；劝一柳下惠，而千万人立贞风矣；劝一史鱼，而千万人立直风矣。故圣人欲其鱼鳞凤翼，杂沓参差，不绝于世，岂不弘哉？四海悠悠，皆慕名者，盖因其情而致其善耳。抑又论之，祖考之嘉名美誉，亦子孙之冕服墙宇也，自古及今，获其庇荫者亦众矣。夫修善立名者，亦犹筑室树果，生则获其利，死则遗其泽。世之汲汲者，不达此意，若其与魂爽俱升，松柏偕茂者，惑矣哉!"

【译文】

有人问道："人的躯体和灵魂都消亡了，留下来的名声评价，也像蝉壳蛇皮、鸟兽之迹一样，对死者有何意义，而圣人为何把它作为教化的内容呢?"我回答说："那是对世人的劝勉，劝勉世人树立好名声，就会获得实际好处。况且劝勉出了伯夷这一榜样，则千万人就能树立起清廉之风；劝勉出了季札这一榜样，则千万人就能树立起仁爱之风；劝勉出了柳下惠这一榜样，则千万人就能树立起忠贞之风；劝勉出了史鱼这一榜样，则千万人就能树立起正直之风。因此，圣人希望人才如鱼鳞凤翼那样繁多，追求高档的品质，世代传承下去，这个愿望不是很宏大吗？四海之内、芸芸众生，都是爱好名声的，就应根据这种情感来引导他们达到至善的境界。进一步来说，祖辈的嘉名美誉，也是子孙们的礼服墙宇，可以帮他们带来财富地位，从古至今，得到这种庇荫的人已经很多了。而行善立名，就好比修筑房屋、种植果树，活着时能得到好处，死后也能恩泽后代。世上那些汲汲营营之人，不明白这个道理，总认为死后名声与魂魄一同升天，像松柏一样万古长青，那真是怪事了!"

家训启迪

作者在此篇中列举了多个事例，表达了为人处世要做到名副其实的观点。另外，也劝诫世人不要过分贪慕虚名，以免造成“以一伪丧百诚”的悲剧。既然名声生不带来死不带去，为何圣人还要以树立好的名声作为教化内容这一问题？作者也进行了一番诠释，表达出“夫修善立名者，亦犹筑室树果，生则获其利，死则遗其泽”的观点。

名，即外界对自己的看法与评价或者说是自己所营造出的一种他人对自己的认知体系。实，即真我本性，即自身的真正实力，与真、本相列，与虚、假相对，发乎内心表现在外，内外相符为实。

现代社会，名与实的概念与关系更为多元化，不可拘泥于一点，想要求得一个好名声，无可厚非，但以下两种名声却不必追求。

有些“名”不必在乎。很多人都爱面子，担心暴露自己的不足，担心别人发现自身的缺陷，担心别人小看自己，担心别人对自己失望，这其实就是在乎别人对自己看法的一种表现，即在乎“名”。当今社会，沽名钓誉、名不副实的大有人在；保持真我，洒脱率性地立身社会，而不在乎别人对自己看法与评价的人可谓凤毛麟角。

故事品读

朱元璋的“进德修业”

朱元璋是明朝开国皇帝，他出生在贫苦农民家庭。在元末农民起义中，朱元璋战功卓著，后成为农民起义领袖，于1368年称帝，国号大明。朱元璋一生勤于政事，事必躬亲，是我国封建社会中不多见的杰出君主。

朱元璋对子女的教育亦非常严格。既重视孩子学习知识，更注重帮助他们修德、正心，因为“德”既能补体、也可补智。为此，他采取了重言传、聘严师、亲力行的办法。

他曾经严肃地训诫太子和其他儿子，说：“你们知道‘进德修业’的道理吗？‘进德’，即进益道德；‘修业’，即修营功业。古代的君子，德充于内，又见于外，故器识高明，善道日多，恶行邪僻皆避之。己修道已成，必

能服人，贤者集拢于你的周围，不肖者远避。能进德修业，则天下必治；否则必败。”

为了使诸子做到“进德修业”，朱元璋聘请各地名师，精选经典著作，对诸子进行严格的、系统的“德行”教育。他要求这些老师：“好师傅要做出榜样来，因材施教，以德教人。我的儿子是要治理国事的，教的法子，最重要的是要正心。正了心，什么事都可办好；正不了心，各种私欲便乘虚而入。你们必须教诸子以实实在在的东西，不要光背些华丽的辞藻，要真正做到让他们进德修业。”

根据这一方针，开国以后，朱元璋除在宫中建大本堂，收存古今图籍，聘请各地名儒，以儒家典籍教育诸子之外，还精心挑选了一批有封建德行的士人，充当太子宾客和太子谕德，对诸子进行严格的、系统的封建“德行”教育，尤其注意发挥师保们的作用。基于“连抱之木，必以授良匠；万金之璧，不以付拙工”的思想，洪武元年（1368年）立皇太子后，他便委开国重臣李善长、徐达、常遇春等分别兼任太子少师、太子少傅和太子少保。让他们“以道德辅导太子”“规诲过失”，使太子有长足进步。特别是被称为“开国文臣之首”的宋濂，对于太子的“德行”修养影响最大。

拓展阅读

【原文】

孝、友、勤、俭四字，最为立身第一义，必真知力行，奉此心为严师。就事质成，反躬体验，考古人前言往行，而审其所从，必思有所持循，无为流俗所蔽。若残忍骄奢，百行裂矣，他复何望哉？

——《庞氏家训·务本业》

【译文】

孝顺父母、友爱兄弟、勤劳节俭，是做人最基本的四项准则。一定要用心领悟，切身体会，将它作为自己的严师。探索事情的成因，并且反躬自省，考察前人的嘉言善行，研究其所以然，认为它一定有所遵循，只有这样才能不为世俗所蒙蔽。如果残忍骄奢，各种品行都败坏了，他日再怎么努力，还有什么希望呢？

《帝范》不仅是一部帝王家训，同时也是一部论述人君之道的政治文献。它言简意赅、论证有据，是指导怎样做好皇帝的重要参考资料。

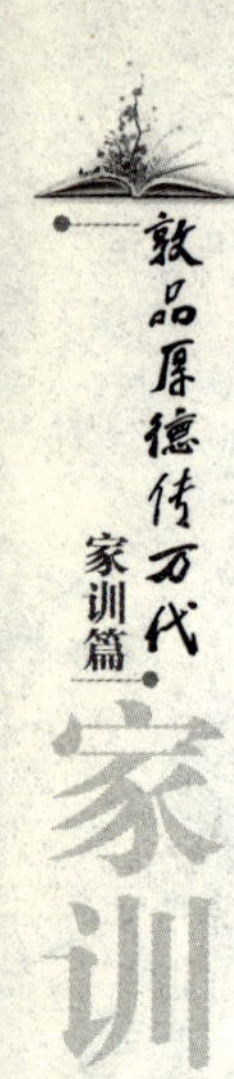

【作者简介】

李世民（599—649年），唐高祖李渊之子，唐朝的第二位皇帝，史称唐太宗。他是中国封建帝王中杰出的政治家、卓越的军事家、著名的理论家、书法家和诗人。

隋朝末年，由于隋炀帝杨广性情残暴，多疑猜忌，朝廷大臣常为自身的安全担忧，再加上杨广骄奢淫逸，横征暴敛，导致民心丧失，政权极不稳定。各地的农民起义风起云涌，并迅速席卷全国，天下陷入大乱之中。

当时担任太原留守的李渊和其子李世民，预料到隋朝即将灭亡，于是趁机招兵买马，壮大自身势力，并于隋大业十三年（617年）在晋阳（今山西太原西南）起兵谋反，一路征伐，不久统一全国，创建唐朝。公元618年，李世民拥立其父在长安即位，建元武德，是为唐高祖。李渊立长子建成为太子，封次子世民为秦王，封三子元吉为齐王。

在唐统一大业的过程中，李世民的功绩超过了建成和元吉，但作为次子，不能继承皇位。太子建成深知世民绝不会屈居人下，便联合三弟李元吉，决定除掉李世民，于是双方展开了争夺皇位继承权的斗争。武德九年（626年）六月四日，李世民先发制人，在玄武门设下埋伏，杀死了建成和元吉，这就是历史上有名的“玄武门之变”。之后，李世民逼高祖退位，自己称帝，于次年（627年）改元贞观。

李世民作为君王，能够居安思危，任用贤能，他还善于纳谏，有过则改，因此政治比较清明。在他统治期间，重视农业生产，轻徭薄赋，兴修水利，崇尚节俭，使当时社会安定，经济发展繁荣，史称“贞观之治”。

李世民还进行了一系列的政治、军事改革，他注重协调民族矛盾，同时大开国门，促进中外经济文化交流，不愧为中国封建社会极有远见的政治家和卓越的军事家，也是中国历史上比较有为的皇帝之一。

《帝范》成书于唐朝贞观二十二年（公元648年），李世民在位期间求贤若渴，纳谏如流，仁厚爱民，开创了政治清明开化，百姓安居乐业，国家稳定昌泰的“贞观之治”。

《帝范》不仅是一部帝王家训，同时也是一部论述人君之道的政治文献。它言简意赅、论证有据，是指导怎样做好皇帝的重要参考资料。

《帝范》分为君体、建亲、求贤、审官、纳谏、去谗、诫盈、崇俭、赏罚、务农、阅武、崇文，共十二篇，这是唐太宗为其子孙掌握治国驭民之术，永保江山、延绵福祚，提出的一整套治国理家修身的思想借鉴。

在君体、诫盈、崇俭等篇中，唐太宗对于为政者加强个人修养做出了要求，如应树立执政为民的意识，应崇尚节俭而禁忌穷奢极侈；在求贤、纳谏、去谗等篇中，唐太宗对于选任和统御属官这一方面，劝诫子孙应广开言路而禁戒听信谗言，应知人善用、各尽其才，应赏罚分明、无偏无党；在务农、阅武等篇中，对于经济民生、教育军事等国家事务方面也做出了诸如重视农业、文武并重等非常有见地的劝诫。其看问题的角度高瞻远瞩，论述道理精深透彻，充分体现出中国最伟大帝王的风范。

威德致远，慈厚怀民

作为一国之君，要有慈厚的品行，怀民的胸襟。《君体》篇中唐太宗要李治懂得君王之庄严宏伟：“人主之体，如山岳焉，高峻而不动；如日月焉，真明而普照。”为“兆庶之所瞻仰，天下之所归往”。要保持君体，就必须“宽大其志，足以兼包；平正其心，足以制断”；“抚九族以仁，接大臣以礼”；“奉先思孝，处位思恭；倾己勤劳，以行德义”。这样才能持威德以“致远”，用慈厚以“怀民”。其实，不只是一国之君要有这样的胸怀，作为一家之主也要做到树立威德，心怀他人。

原典赏读

君体篇

【原文】

夫人者国之先，国者君之本。人主之体如山岳焉，高峻而不动；如日月焉，贞明而普照。兆庶之所瞻仰，天下之所归往。宽大其志，足以兼包；平正其心，足以制断。非威德无以致远，非慈厚无以怀人。抚九族以仁，接大臣以礼。奉先思孝，处位思恭，倾己勤劳，以行德义。此乃君之体也。

【译文】

国君在建立国家之前，必须拥有百姓，有百姓才会有国家。国君想要得天下，必须以德育民，人民乐为之用，这样才能成为国家。人主之体，当如山岳之尊崇，巍然镇静，岿然不动；人主毫无私心地君临万方，要像日月昼夜更迭不息地光明正大而普照天下的万物一样。国君有什么举措，亿万百姓均将作为准则而照着执行；人君施仁政于民，则四海之内向往，普天之下归顺。国君之志，当宽裕广大，胸襟开阔，兼收并蓄，涵容万物；国君之心，如若平正则是非明，以此裁断则无差错。国君如能顺天应人实行刑罚恩惠，就可以令行禁止，天下归服，无远而不至。国君抚慰万方，只有慈爱宽厚才能安民、保民。国君对待九族之亲，定要使长者平安，少者怀之；国君又必须对大臣以礼相待，体贴群臣。国君奉祀祖先，应该善继祖先之志，善述祖先之事；国君在位，必须以不骄不慢对待臣下。国君不应以己为尊贵，不应以己为才智，而应孜孜不倦地施行德义。国君如能做到上面这些，就算是做到了治理天下时应遵守的准则了。

家训启迪

唐太宗李世民以开创“贞观之治”垂名千古。正如宋代诗人所写的那样：“汝不及生在贞观中，斗米数钱无兵戍。”唐太宗在位期间所采取的一些以农为本、减轻徭役赋税、休养生息的安民政策，也正是他在《君体篇》

中所强调的执政为民、广施德政的治国思想。

同时，李世民还告诫子孙，作为一国之君应有远大的志向和公正严明的态度，身居帝位应谦恭克己，这样才能号令四方、人心归向。这位仁君正是将自己在位期间的所作所为、所感所想，著成这一君王遗训，传之后世。

在现今社会，德是宽容，德是谦让，无论给德赋予何等美丽的桂冠，我们都要先拥有一颗能够承载“德行”的大爱之心。如果说人生是一次拼搏，你是否在凯旋的时候，回头看看你的同伴，给他们伸出你的援手？如果说人生是一次远航，你是否在一帆风顺的时候为茫茫黑暗中的人们提供一点亮光？

我们真正做到了“凡是人，皆须爱”了吗？你是否用宽容之心对待你的同学、家人？你是否真正地从内心去感受父母的不容易呢？对待与自己有过摩擦的人是不是小肚鸡肠呢？

关于爱，我们有太多的话想说。我们不停地从别人身上获取爱。从父母那里收获了如山如水的亲情，厚重填满了内心，滋润着每一寸心灵；从朋友那里收获了至真至善的友情，让寒冷冬日也艳阳高照，让炎热的夏季充满了丝丝清凉；从恋人那里收获了甜甜的爱情，快乐、幸福、温馨、感动。父母双亲是不是因为你的一句问候而兴奋难眠？闺蜜是不是因有了你的宽容理解而倍加珍惜友情的不易？恋人是不是因为有了你的祝福关爱而坚定步伐一路携手？我们不要一味地获取，否则，我们失去的不只是眼前的亲人朋友，还有我们为人的真谛。

刘备厚德载民

东汉末年，刘备在曹操大军接二连三的追击下，只好投奔到荆州刘表那里。刘表非常赏识刘备，用隆重的礼节迎接他，并让他带兵驻守在新野附近。刘表病重时，特意把刘备招来，郑重地嘱托他：“我的儿子没什么才能，将领也不够精良，我死之后，你可以兼任荆州刺史。”

刘备连连摆手，用温和的声音安慰刘表：“您的几位公子很有才华，您

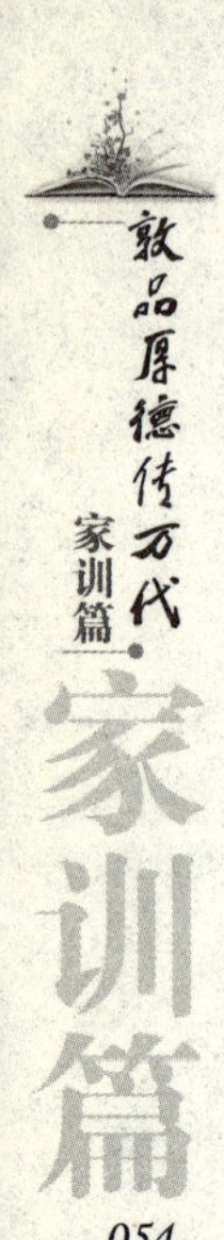

还是安心养病，我是不会忘记您对我的深厚恩情的！”刘表感动得热泪盈眶。有人不理解这件事，劝刘备说：“我看你不如听从刘表的话，他这可是一片真心啊！”

刘备仍然用坚决的口气说：“你不了解我，刘表待我如此，如果我听从他的话，天下的百姓一定会嘲笑我是一个不仁不义的人，我不想被天下人所误解。”没过几年，曹操率领大军南征。这时，刘表已经病死了。刘表的儿子刘琮做了荆州牧。

刘琮是个贪生怕死的人，他不仅没带兵抵抗，反而急忙向曹操请求投降。但他没敢把这件事告诉刘备。很快，曹军已经兵临城下，形势十分危急。刘备得知这一消息后，捶胸顿足，仰天长叹，非常生气地说：“刘琮啊，刘琮，你怎么这样没有骨气呢，你对不起你父亲对你的教诲啊！”这时，刘备部下的人，甚至诸葛亮等人纷纷劝说刘备抓住这一有利时机去攻打刘琮，占领荆州这个战略要地。

刘备沉思了许久，坚定地说：“刘表病重时把他的儿子嘱托给我，我也答应要好好照顾他，如今我反而去攻打刘琮，这种事，我是不忍心也绝不会做的，你们别再劝我了！”当刘备率领部下经过襄阳城时，向城上大声呼喊：“请刘琮出来，我有几句话要说。”刘琮吓得不敢出来。刘备无奈地叹了口气，随后来到刘表的墓前，跪倒在地，扶住冰冷的墓碑，伤心地哭了很久，四周的将领们也感动得眼眶湿润了。

刘琮的部下、荆州的军士和老百姓，被刘备对刘表的深厚情谊所感动，他们都心甘情愿地跟随刘备前往江陵逃难。到达阳城时，跟随刘备的士兵和百姓多达十万人，运载粮草财物的车子也有几千辆。人山人海，缓慢地向前移动。百姓们扶老携幼，走得很慢。有人很焦急地劝刘备：“我们的目的是占有江陵，按现在的速度走，肯定会被曹军追上的。再说，这十万多人，貌似庞大，其实并没有多少士兵，多是一些老百姓，曹军来了，又如何抵抗呢?”

刘备很自信地说：“我们做大事的，应该懂得争取广大人民的拥护。大家这么热情地跟随我，是对我的信任，我又怎么忍心丢下他们不管呢?”这支很独特的队伍仍缓慢地朝前行进着，老百姓的心里都充满了无限的希望。这时，曹操亲自率领五千名精兵追了过来，行动神速。形势实在太危险了，直到这时，刘备才在众人的再三劝说下，不得不抛弃妻子，与诸葛亮、张飞等几十名骑兵急忙先走一步。

后来，刘备采纳了东吴军师鲁肃的建议，与孙权将军联合起来，共同对抗曹操。刘备的力量壮大起来，生活上有了坚实的保障，那十万老百姓也跟着刘备过上了幸福的生活。

刘备为人宽厚，讲求仁义，他敬重帮助过他的人，爱护拥护他的百姓，甚至在危难时也不忍心抛弃随行的平民，被后世传为美谈。

拓展阅读

【原文】

执法如山，守身如玉。爱民如子，去蠹如仇。严以驭役，宽以恤民。官肯著意一分，民受十分之惠；上能吃苦一点，民沾万点之恩。利在一身勿谋也，利在天下者必谋之；利在一时固谋也，利在万世者更谋之。大智兴邦，不过集众思；大愚误国，只为好自用。聪明睿智，守之以愚，功被天下，守之以让；勇力振世，守之以怯，富有四海，守之以谦。庙堂之上，以养正气为先；海宇之内，以养元气为本。务本节用则国富，进贤使能则国强；兴学育才则国盛，交邻有道则国安。

——《钱氏家训》

【译文】

执行法令要像山一样不可动摇，保持节操要像玉一样洁白无瑕。爱护百姓要如对待子女一样，消灭蠹虫要像对待仇敌一样。管理下属要严格，抚恤百姓要宽厚。官员肯用心一分，百姓就会得到十分恩惠；皇上能辛苦一点，百姓就会得到万倍恩泽。利益自己一人得之就不要谋取，天下人得之就一定要谋取；利益得在当前固然要谋取，利于千秋万代更要谋取。才智出众的人兴盛邦国，不过是集思广益；极度愚蠢的人贻误国事，只因为刚愎自用。聪明睿智，要以愚拙自处，功盖天下，要以谦让自处；绝世勇猛，要以怯懦自处，富可敌国，要以谦恭自处。朝堂之上，要以培养正气为首；四海之内，要以蓄养元气为本。

抓住生财根本力求节约开支国家就会富裕，选拔任用德才兼备之人国家就会强大；兴办学校培养人才国家就会兴盛，与邻邦交往恪守道义国家就会安定。

远近相持，亲疏并用

《建亲》篇指出："重任不可独居，故与人共守之。"分封诸王，给他们以一定权力，可收"安危同力，盛衰一心；远近相持，亲疏两用"之效。例如，周代"割裂山河，分王宗族""故卜祚灵长，历年数百"。秦始皇"不亲其亲，独智其智"，故"颠覆莫恃，二世而亡"。但赐封亲戚不能过度。刘邦"广封懿亲，过于古制"，结果是诸侯地广而强，帝室弱而见侵，反为叛乱创造了条件。曹操试图改变这种情况，但又走向另一个极端，"子弟无封户之人，宗室外无立锥之地"，从而被司马氏夺取了政权。可见，"夫封之太强，则为噬脐之患；致之太弱，则无固本之基。由此而言，莫若众建宗亲而少力，使轻重相镇，忧乐是同，则上无猜忌之心，下无侵冕之虑"。而"邦家俱泰，骨肉无虞，良为美矣"。

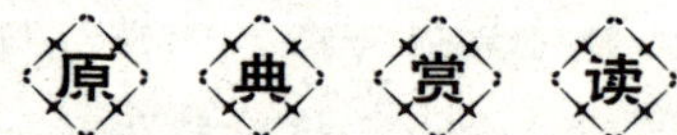

建亲篇

【原文】

夫六合旷道，大宝重任。旷道不可偏制，故与人共理之；重任不可独居，故与人共守之。是以封建亲戚，以为藩卫，安危同力，盛衰一心，远近相持，亲疏两用，并兼路塞，逆节不生。

【译文】

天下宇宙是至远至广至大的大道，天子帝位是至极至显至尊的宝位。天下再远，也不可以独裁，所以要与人共同治理国家；

帝业至重，也不可以独任，所以要与人一起守任。所以君主赐封皇亲国戚为诸侯，作为屏障以保卫王室中央；王室中央和地方诸侯同心同德，则能长世安民，长治久安。离中央王室远的诸侯和离中央王室近的诸侯都应互相扶持，中央王室对亲近的宗室和疏远的宗室都要予以任用。如果能这样，纵然有互相侵吞的想法，也可闭之而不让它施展；纵然有不遵王命的嫌隙，也可以阻遏而不让其滋生。

【原文】

昔周之兴也，割裂山河，分王宗族，内有晋郑之辅，外有鲁卫之虞，故卜祚灵长，历年数百。

秦之季也，弃淳于之策，纳李斯之谋，不亲其亲，独智其智，颠覆莫恃，二世而亡。斯岂非枝叶不疏，则根柢难拔；股肱既殒，则心腹无依者哉！

【译文】

昔日周武王灭了商朝纣王而建立周朝政权，先后分封了七十一个诸侯国，周室子孙一般都得到了封地，做了大小不等的诸侯；同时，又封了一些异姓诸侯。因而内有晋、郑等诸侯国的辅助，外有鲁、卫等诸侯国的防护。周朝之所以能长治久安，原因是能实行分封制。

到了秦朝，秦始皇拒绝了淳于越关于分封子弟功臣、自为枝辅的建议，采纳了丞相李斯的意见，实行郡县制、反对分封制的主张。因为对亲族不亲近、不分封，只相信自己的智慧，因而在国家危难时没有依靠的力量，只传了两代便导致覆亡。这岂不是枝叶繁茂则根本巩固而不易拔动；相反，如果大腿和胳膊受伤那么心腹就没有能够依附的了。

【原文】

汉初定关中，诚亡秦之失策，广封懿亲，过于古制。大则专都偶国，小则跨郡连州，末大则危，尾大难掉。六王怀叛逆之志，七国受鈇钺之诛，此皆地广兵强，积势之所致也。

魏武创业，暗于远图，子弟无封户之人，宗室无立锥之地，外无维城以自固，内无盘石以为基。遂乃大器保于他人，社稷亡于异姓。

【译文】

汉高祖刘邦初定函谷关以西一带地区，鉴于秦王朝不搞分封、以孤立而亡的教训，大封兄弟叔侄至亲为王，其规模远远超越了西周时封建诸侯之制。以至于大的诸侯王的权势过大，足以与朝廷抗衡；小的诸侯王也跨郡连州，占有地盘很大。诸侯王地广而强，帝室弱而被侵，有如末大根小必折，尾大身小难掉。所以就有六个诸侯王共同谋反，七个诸侯国遭受严酷地刑戮。这一切都是由于分封的诸侯王地广兵强、长期发展起来的势力所造成的。

曹操开始创建基业时，只知汉过，不知秦失，在分封这个问题上缺乏远见，子弟宗室虽有封位，但不给他们封地，徒有虚名而已，所以宗室没有立锥之地。这样一来，外没有藩维之城以为固保，内没有柱下之石以为基址。于是曹魏不能自保其权位，竟以天下付之他人，江山社稷被异性司马氏所取代。

【原文】

语曰：“流尽其源竭，条落则根枯。”此之谓也。夫封之太强，则为噬脐之患；致之太弱，则无固本之基。由此而言，莫若众建宗亲而少力，使轻重相镇，忧乐是同，则上无猜忌之心，下无侵冤之虑，此封建之鉴也。

斯二者安国之基。君德之宏，唯资博达，设分县教，以术化人，应务适时，以道制物。术以神隐为妙，道以光大为功。括苍旻以体心，则人仰之而不测；包厚地以为量，则人循之而无端。荡荡难名，宜其宏远。且敦穆九族，放勋流美于前；克谐烝乂，重华垂誉于后。无以奸破义，无以疏间亲，察之以德，则邦家俱泰，骨肉无虞，良为美矣。

【译文】

前人说：“泉竭则流涸，根朽则叶枯。”这是人人皆知的道理。分封诸侯势力太大时，会造成后患，后悔莫及；而分封诸侯势力太小或不分封时，对朝廷中央又不能起辅卫作用。这样看来，不如多分封诸侯王，但不能使其势力过于强大，使大小之国相安，共其乐而同其安，果真这样，则在上位者没有嫌隙疑忌之心，在下位者没有被侵陵冤枉之虑。这就是封建之昭鉴和龟镜。

因此，损其太强，益其太弱，执其中道，此二者乃是安治国家之基本。人君之德，极群下之智，尽天下之美，至德昭然，施于方外。由于法可以治民，所以古代君王公布的法令，悬挂在宫阙上，并用法令来教化百姓；由于理可以御物，所以古代君王将应当处理的事务，用适当的时机，使物得其所也。用权术教化百姓，老百姓必须遵守，故当隐晦，使老百姓感到高深莫测；“道”乃无穷之理，万物之所由出，所以应当发扬光大，使物不遗则为功。人君总括其天以统之于心，则人仰望之而不得以窥测；人君度量当如广厚之大地，无所不包容，则人循依之而不得其端涯也。君主的功德广博，以致老百姓不知怎样去称赞他；人君如能以天为心，以地为量，就可以称之为宏远了。尧具圣德，又有亲睦九族，流布美善之道在于前，你可以效法；舜也很圣明，又能和谐以孝，因而垂美誉在于后，你可以仿效。不要让诈伪之行破散了义，不要让疏远的人离间了亲近的人。凡事物，审察必合于道德，则各诸侯国完全可以得到平安，而近亲至戚之间也可以确保没有间隙，这果然是一件大好事啊！

家训启迪

《建亲篇》中，对于分封诸侯国这个问题，唐太宗分别列举周武王、秦始皇、刘邦、曹操的例子，谆谆告诫子孙如下几点：

第一，天下应与人共同治理，帝位应同人一道守卫，不应唯我独尊。

第二，分封诸侯既可以让他们互相牵制，减少谋反叛逆之事，又可以让他们作为国家的屏障，巩固保卫国家的根基。

第三，需要注意的是，分封皇室宗族是必要的，但要掌握好所分封诸侯国的力量强弱，不能过于强大，也不能过于弱小，损其太强，益其太弱，执其中道，才是最为合适的。

另外，唐太宗还提及了尧帝"敦穆九族"、舜帝以孝进善的宏德，劝诫子孙应以此为榜样，努力效法。

分封诸侯这一事情，对于现代当然是已不复存在，但和睦亲族却应是不变的古理。亲戚、手足之间，难免会有冲突发生，难免会有不愉快的利益纷争，这时候应以宽容、忍让的态度来对待，大事化小小事化了才好，不要抱着那种一点亏也不吃、凭什么我受气的想法，使得亲戚之间大动干戈，伤了和气，以至于断了来往。不要等到你遇到什么困难，需要别人帮助的时候，才发现身边没有愿意为你伸出援手的人，弄得自己焦头烂额、狼狈不堪。

故事品读

同心同德

传说，殷商末代的商纣王，是个穷奢极欲、残暴无度的昏君。西部诸侯之长姬昌，即后来的周文王，几经周折，下决心要推翻纣王的统治。他聘请姜太公为军师，积极练兵奋战，又兼并了邻近几个诸侯的小国，逐渐强大起来，还把都城由岐山（今陕西岐山县）迁到丰邑（今陕西户县附近），准备向东进军。不久，文王死去，姬发即武王继位，他又得到其弟周公的鼎力帮助，同时得到其他几个诸侯的拥护，于是正式宣布，出兵讨伐纣王。武王率领大军在孟津渡过黄河，向东北挺进，直逼商朝的京城朝歌（今河南淇县东北）。

为了一举攻克商纣王的京城，武王所率大军，在朝歌城南的牧野地，举行了进军誓师大会，宣读了誓词，即《泰誓》。

《泰誓》共有三章，其中写道："纣有亿兆夷人，离心离德；予有乱臣十人，同心同德”。意思是说：纣王兵多将广，但他们不和纣王一条心；而我们虽然有三千臣子，或者说只有治乱的十个大臣，却团结一条心，目标一致。《泰誓》的最后部分，还勉励将士：“乃一德一心，立定厥功!”

由于商纣王早已民心尽失，军队也多不愿为他送命。两军短兵相接，纣王的军队很快溃散，或倒戈起义，周武王军队很快攻下京都朝歌，纣王无奈自杀，商朝随即灭亡。

后人根据上述情节，便引申出“同心同德”或作“一心一德”的典故，用以赞扬中华民族群体为了共同的目标，团结一致，共同奋斗的美好品德。

拓展阅读

【原文】

刻薄成家，理无久享；伦常乖舛，立见消亡。兄弟叔侄，需分多润寡；长幼内外，宜法肃辞严。听妇言，乖骨肉，岂是丈夫？重资财，薄父母，不成人子。嫁女择佳婿，毋索重聘；娶媳求淑女，勿计厚奁。

——《治家格言》

【译文】

以刻薄立家，是不能长久的；违背伦常的，立即就会消亡。兄弟叔侄之间，应该互相帮助；长幼内外，应该严格遵从等级秩序。听信妇人之言，使亲人不和，岂是男子汉大丈夫？看重钱财，薄待父母，根本不符合做儿子的本分。嫁女儿要挑选人品好的女婿，而不要索取很重的聘礼；娶媳妇的关键是寻求淑女，不要计较嫁妆是否丰厚。

举贤任能，知人善任

《求贤》篇指出："夫国之匡辅，必待忠良。"匡辅之臣上佐君王，中总百官，下抚兆民，非忠良不能担此重任。所以"明君傍求俊义，博访英贤，搜扬侧陋，不以卑而不用，不以辱而不尊"。如伊尹生于空桑，耕于村野，为商汤所用，光启殷朝；吕望贫贱年迈，渔钓渭边，为文王所师，会昌周室；管仲曾被捆绑入狱，齐桓公释而用之，而成一匡之业。故寸珠之珍，黄金累千，"岂如多士之隆、一贤之重？此乃求贤之贵也。"

《审官》篇指出："得其人，则风行化洽，失其用，则亏教伤人。"为此，首先必须人尽其才，各用其长，让各类人才为己效力："智者取其谋，愚者取其力，勇者取其威，怯者取其慎，智愚勇怯兼而用之。"做到"良匠无弃材，明主无弃士"。其次，要对任职的官员进行全面审察，"不以一恶忘其善，勿以小瑕掩其功。"这样才能委任责成，不劳而化。

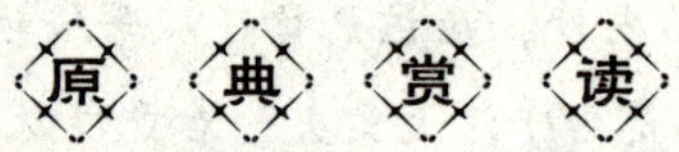

求贤、审官篇

【原文】

夫国之匡辅，必待忠良。任使得人，天下自治。故尧命四岳，舜举八元，以成恭己之隆，用赞钦明之道。士之居世，贤之立身，莫不戢翼隐鳞，待风云之会；怀奇蕴异，思会遇之秋。是明君旁求俊乂，博访英贤，搜扬侧陋，不以卑而不用，不以辱而不尊。

昔伊尹有莘之媵臣，吕望渭宾之贱老，夷吾困于缧绁，韩信弊于逃亡。商汤不以鼎俎为羞，姬文不以屠钓为耻，终能献规景亳，光启殷朝；执旌牧野，会昌周室。齐成一匡之业，实资仲父之谋；汉以六合为家，是赖淮阴之策。

故舟航之绝海也，必假桡楫之功；鸿鹄之凌云也，必因羽翮之用；帝王之为国也，必藉匡辅之资。故求之斯劳，任之斯逸。照车十二，黄金累千，岂如多士之隆，一贤之重！此乃求贤之贵也。

【译文】

一个国家要得到辅助，没有忠臣是不行的。得人则治，失人则乱，任用得人，天下自治。所以尧命分掌四时、方岳之官而任用之，故能赞其敬事节用之道；舜举用有贤能的人而任用之，故能成其恭敬自持之重，称赞他敬肃明察之道。士人之居世，贤人的立身，他们在没有遇到时机以前，大多是隐居以待局势的变化；他们怀有卓异的才能，一定要在时机成熟之时方肯出仕。因此，英明的君主务必要多方寻求德高望重的贤德之人，务必要察明虽居于卑微地位但确有才德的人。绝不能因人才地位卑下而不用他，也绝不能因人才染上某种污浊而不尊重他。

古时候的伊尹最初是耕于有莘这个地方，后来又成为有莘氏的“媵臣”；吕望起初是钓于渭水之滨的穷困潦倒的老人；管仲曾事公子纠，公子纠死后曾一度被囚禁；韩信早年曾因贫困而过着流亡漂泊的生活。然而，商朝汤王并不因为伊尹卑贱得曾为媵臣、负鼎俎为奴感到羞耻，仍立伊尹为相；周文王并不因为吕望曾屠牛沽酒、垂钓渭水当作不堪认，仍拜吕望为师。结果伊尹献规于亳以助太甲，使商朝得以昌盛；吕望相武王，执旌旗而誓师牧野，使周室天下大定。同样，齐桓公九合诸侯，一匡天下，皆赖管仲之谋；汉之灭楚，定天下为一家，也全靠淮阴侯韩信的策略。

所以说舟航渡海，必借助于桡楫之功；大鸟高飞，唯凭借着有羽翼之故；帝王欲建长治久安的国家，也必须有贤才辅翼资助。因此，如人主辛勤地寻求贤能之人，则治国时便可安逸无劳。虽然珠宝之光能照亮十二车，虽然黄金累积有成千之多，却远不如人才重要，还不如求得一个贤士！因此，有国者决不应以宝为宝，而应以求贤为贵啊！

【原文】

斯二者治乱之源。立国制人，资股肱以合德；宣风道俗，俟明贤而寄心。列宿腾天，助阴光之夕照；百川决地，添溟渤之深源。海月之深朗，犹假物而为大，君人御下，统极理时。独运方寸之心，以括九区之内，不资众力，何以成功？必须明职审贤，择材分禄，得其人则风行化洽，失其用则亏教伤人。故云："则哲惟难"。良可慎也！

【译文】

一治一乱，在于得人或失人，所以"得人""失人"，这二者是治乱的本源。人君创业立国，驾驭国民，全靠得力的臣僚同心同德；人君宣播仁风，教导美俗，须待明哲贤能之人赤诚辅佐。众星虽小，但腾布于天，可以助月之光；百川之水，决流于地，其流虽微，亦可以资添大海。像海这样的深，月这样的明，也还是需要依靠他物以成光大，何况人君在上临下，其统治至大至远，运营方寸之心，包含九区之天，若不设官分职凭借众力，以独力何得成其功业？所以人君必须明辨职位大小，审查臣属是否贤良，然后根据才能短长，分别授予爵禄。人君如果用人得当，则必仁风流行，教化浃洽；如果用人不当，则必败坏风教，灭伤人伦。所以说，人君设官分职以治天下，关键在于知人，知人之难连尧舜那样的圣君也不例外，因此作为后世的人君一定要很好地审慎其官。

家训启迪

唐太宗在位期间，深刻地认识到了重用人才的重要性，因此才留下《求贤篇》这一遗训告诫子孙，一个国家的治理需要贤才辅佐，正如同船渡水需要舟楫，鸟高飞需要翅膀一样，是必要条件。

除此之外，他还举出商汤重用伊尹、周文王重用吕望等例子，来表明任用贤才应"搜扬侧陋"，不可因为他们出身卑贱而有失公正、有所轻视，强调再多的珠宝黄金也比不上求得一位贤才的贵重。

正是因唐太宗这种求贤思想，营造出了清明的政治氛围，使得社会的经济、文化、外交都得到了繁荣的发展，而这些思想经验也是唐太宗留给后世最宝贵的东西。

在千百年之前，这位帝王就已认识到了人才的重要性，求贤若渴，到了当今社会，对于人才的需求与任用也适应于各行各业，各行各业都要有重视人才这一意识。同时，从我们自身来讲，一个优秀人才衡量标准之一就是无人取代，无论你从事什么职业、学什么东西，都应该向“贤才”这一目标进发，严格要求自己，努力将自己所做的事情干好干精，提高自身竞争力，对于学业、工作乃至事业都不能抱着应付了事的态度，这样才能将自己修炼成为一名人才。

《审官篇》中唐太宗将明君用人比作巧匠裁木，无论能力如何都能做到各有所用、各取所长，不可求全责备，也要避免小材大用以及大材小用。这一道理可以运用到我们管理和提高自身能力之上。

国君治理国家就如同人管理自身，国君知人善用就好比我们懂得扬长避短。国君设官分职，关键在于知人，同理，我们扬长避短，最根本的是要认识、了解自己，知道自己的长处、意识到自身的短处。

我们要知道，人不可能通晓所有事情，世上没有完人，要懂得发现并发挥自己的长处，不能死死盯住自己的短处，也不能因为某件事做得不成功就否定自己，不再相信自己，不再欣赏自己，从而发现不了自己身上的闪光之处，使得生活停滞不前、黯淡无光。

国家治乱，在于得人或失人；人的优秀与否，在于是否能发挥长处。如果你不善言辞，不必羡慕伶牙俐齿、口若悬河，表达思想的方法和途径有很多，可以通过文字、画面、音乐或者时间的沉淀；如果你长得不够漂亮，不必羡慕沉鱼落雁、闭月羞花，因为你或许心地美好善良或许工作安稳高薪。容貌和青春会如同花般容易枯萎，但心灵和能力却会因岁月流逝而光辉熠熠。

因此，对待自己，苛求完美固然没错，但是只有懂得将自己的优缺点“各尽其才”，正视短处，发挥长处，善于管理自身，才能更爱自己，才能不断地得到上天的眷顾，才能每一天都比昨天更加进步、更加幸福。

故事品读

凡人国相

秦穆公，即嬴任好，春秋时秦国国君。他大胆任用人才，把百里奚从奴隶提升到相国的故事，自古以来一直传为佳话。

百里奚，原籍虞国（今山西平陆县一带）人。小时候家里很贫穷，他一边给人家看管放养牛羊，一边刻苦读书学习。因此，懂得了很多治国安邦的道理。为了谋取生路并寻找机会实现自己的抱负，他告别妻儿，去到齐国。可是人们不了解他的才能，没人举他做官，成天无所事事，他只好沿路乞讨，到处流浪。后来，他流落到宋国，有机会和一个满腹经纶的隐士蹇叔相识，并结成了莫逆之交。经蹇叔举荐，百里奚在虞国当了大夫。时隔不久，晋献公发兵灭了虞国，百里奚也成了晋国的俘虏，当了阶下囚。

晋献公看出百里奚是个人才，就想请百里奚在晋国做官。但百里奚严词拒绝说："让我当囚犯可以，让我在敌国做官，死也不肯。"恰好在这个时候，秦穆公派公子子絷到晋国迎娶晋献公的女儿。百里奚和其他陪嫁的奴仆一起，被押往秦国。百里奚越想越气，就在途中偷偷地溜了。不料又被楚国人抓获。秦穆公查点陪嫁的奴仆时，发现百里奚只有其名，不见其人，就问这个人哪里去了。前去接晋公主的公子子絷报告说："他是晋国从虞国俘虏的大夫，大概是羞于当奴隶，半道上逃了。"秦穆公又问百里奚是一个什么样的人。刚刚从晋国来到这里的随从公孙枝回答说："听说百里奚是个很有本事的人。作为一个亡国的大夫，宁肯当囚犯，不肯在敌国做官求荣，只此一件，就可以看出他的气节和品格了。"秦穆公听了，感到百里奚是个了不起的人，便迫不及待地派人到楚国查访百里奚的行踪，经过一段时间的查询，终于弄清百里奚正在楚国看牛放马。

秦穆公招贤心切，便拟定以重礼速去楚国换来百里奚。但却遭到群臣和公孙枝的反对。公孙枝说："楚国人之所以让他看牛养马，是由于不了解他的才能。您用重礼去换他，就无异于敦促楚国去重用他。"秦穆公听了恍然大悟，于是，就派人带了五张老羊皮去楚国，果然，顺顺当当地把百里奚赎回来了。秦穆公马上把百里奚接进宫里，和他讨论起富国强兵的大计来。两个人一直谈了三天。之后，秦穆公对百里奚十分佩服，便打算拜他为相国。

百里奚见此情景，立即向秦穆公介绍了蹇叔的才能，并恳切推荐蹇叔为相国，自己为副相国。秦穆公听后，当即就请百里奚给蹇叔写信，又派公子子絷带着厚礼去请蹇叔。秦穆公隆重地接待了蹇叔，诚恳地向他请教治国安邦的办法。蹇叔对所提问题对答如流。秦穆公侧耳倾听，感到蹇叔果然是个有远见卓识的人才。

秦穆公拜蹇叔为相国，拜百里奚为副相国后，依靠他们共襄国政，奋发图强，很快就成了西北一带的霸主。

拓展阅读

【原文】

我文王之子，武王之弟，成王之叔父，我于天下亦不贱矣。然我一沐三捉发，一饭三吐哺，起以待士，犹恐失天下之贤人。子之鲁，慎无以国骄人。

——《戒伯禽》

【译文】

我是文王的儿子，武王的弟弟，成王的叔父，我在国家的地位也不算低了啊。然而我曾经听说有贤士来见我，三次用手捉住没洗净的头发，只一顿饭吐出来三次，只为起身来接待士人，还恐怕失去天下的贤人。你去鲁地，务必谨慎，不要凭借周朝的国威傲视他人。

虚怀若谷，忠言逆耳

古人曾言：“兼听则明，偏信则暗”，此语颇有道理。人生在世，不可能事事皆明，通晓一切，必有许多未曾听说或未曾知晓的事情或道理。这时就得虚心听取别人的意见，以减少错误的发生。为官者尤当如此，切不可高高在上，唯我独尊，自我封闭。否则，便有可能举止失措，给社会和人民带来灾害。作为封建时代的帝王尚且如此注重纳谏，那么生活在当今时代的公仆为什么不能做到呢？请天下的为官者三读此文以自警！

纳谏去谗篇

【原文】

夫王者高居深视，亏听阻明，恐有过而不闻，惧有阙而莫补。所以设鞀树木，思献替之谋；倾耳虚心，伫忠正之说。言之而是，虽在仆隶刍荛，犹不可弃也；言之而非，虽在王侯卿相，未必可容。其义可观，不责其辩；其理可用，不责其文。至若折槛怀疏，标之以作戒；引裾却坐，显之以自非。故云：忠者沥其心，智者尽其策。臣无隔情于上，君能遍照于下。

昏主则不然。说者拒之以威，劝者穷之以罪。大臣惜禄而莫谏，小臣畏诛而不言。恣暴虐之心，极荒淫之志，其为壅塞，无由自知。以为德超三皇，才过五帝。至于身亡国灭，岂不悲矣！此拒谏之恶也。

【译文】

帝王在深宫中居住，与外界断绝联系，虽欲听而不聪，虽欲视而不明。古代的一些贤明君，就怕听不到自己的过错，害怕有缺点得不到改正，因而置鼗鼓，立谤木，以便臣下诤言进谏；君主自己则侧耳倾听，虚心而受，期待着谏诤者告以正直之言。如若说得对的，即便是地位低下的供役使的仆人、奴隶或草野鄙陋之人，也不可置之不理；如果说得不对，即使是地位很高的王侯大夫将相，也未必就可接受。意见可取，就不必要求谏诤者分析得如何，因为空辩不足信；道理可用，就不必要求谏诤者文采怎样，因为虚文不足用。至于古代如朱云因进谏而攀折殿槛，汉成帝特意保留已折之槛，以表彰朱云的直谏；师经因进谏而投瑟撞坏了窗子，魏文侯决意留下撞坏的窗户以供借鉴；辛毗进谏魏文帝曹丕，而不惜扯着曹丕的前襟；袁盎进谏汉文帝刘恒，坚决不让慎妃与皇后同坐，等等。正因为人君能容纳折槛引裾之鉴，所以说：忠直者能竭其忠心，使智者以终其计策。如此则君臣之道上下相通，君王就可以至公大明而名扬天下。

然而昏庸的皇帝却不是这样。他们恰恰相反，对进谏者用君王威严拒之门外，对劝说者追其以罪，从而使得大臣为保全俸禄而不敢直言，小臣因怕杀头而不敢说话。于是昏主便昏昏然，恣行残暴，极尽荒淫，壅蔽障闭，对自己的罪过浑然而不自知，反而以为自己德超三皇，才过五帝。结果导致身死国灭，难道不是很可悲吗！这完全是拒绝进谏所带来的后果啊！

家训启迪

唐太宗广开言路、纳谏如流的明君作风被广为传颂，他善于听取大臣的批评和见解，其中与魏徵的故事至今仍被传为佳话，对于魏徵直谏二百多次直陈其过失，他不仅没有龙颜大怒，反而虚心接受，这也正是因为他深谙“兼听则明，偏信则暗”之理。

当今社会，对于处在领导地位的企业老板也好，基层经理也好，只要负责管理一班人马，但凡你专断独行，不听取旁人的意见或建议，定会挫伤整个团队的积极性，导致人心背离，使得团队失去活力与发展力。管理一个团队，其实同君主治国的道理类似。

进一步来讲，因认知体系或者阅历的深浅不同，对于同一个问题，每个人的考虑都难免会有片面之处，很难保证面面俱到，而打破这一局限最好的办法便是集思广益。集思广益不仅是多种思维的碰撞，也是多种认知的交汇，能助你开拓认知的领域，甚至能让你多多少少窥探到另一个人的厚度与深度，取其精华、弃其糟粕，吸纳对自身有益的，抛去固有的错误认识，继而提高自身。再遇到同样的问题需要解决，就会变得游刃有余。一个人善于听取他人的想法，就好比一块海绵不断汲取水分，一点一点变得更加厚重沉稳，风吹不走，火烧不着。当然，乐于汲取的前提是需要一个去污留清的滤网，而这一滤网功能的强大与否，一方面还是要靠听得多来实现的。听得多了自然会免于偏信一方，从而形成一个谁是谁非的评判标准。

无论学习还是工作，无论从领导者的身份来说还是就个人而言，也无论你具不具备充分的判断力和决策力，一旦充耳不闻、独断专行，就会很有可能在某件事上栽大跟头，或者陷入故步自封的状态。因此，只有善于听取他人的意见，才能不断进步以完善自身。

《去谗篇》中，唐太宗阐述了谄媚奸佞之臣对一个国家的危害，告诫子孙"藂兰欲茂，秋风败之；王者欲明，谗人蔽之。"一个君主管理国家如此，一个人对于自身的认识与了解也是如此。

一个人是怎样了解自己的呢？"自知"不是说自我定义是什么样就是什么样的，而往往要借助外人的评价才会对自己有一个更加全面的了解。外人的评价当然就包括顺耳之言与逆耳之言了。

谁都不愿意被人"说三道四"，谁都愿意听到夸赞、鼓励自己的话，然而一旦这些甜言蜜语并非发自真心而是溢美之词，或者你只去主动接收肯定自己的信息而去屏蔽否定自己的信息时，就容易变得骄傲自满，无形中夸大自己的能力。

诚然，有一个人直指自己的过失或缺点时，不要说是大庭广众，就算是两人单独会话的场合，人们心中也会难免不快，氛围也会有所尴尬。傲慢自恃的人会对别人的直言不讳感到厌烦，不服气的成分居多；缺乏自信的人会认为那是对自己的否定，从而越发自卑。

因此，面对别人的评价，无论听到好听的话还是不好听的话，既不要一味地满足自己的虚荣心，也不要认为别人的直言不讳会让自己颜面丢尽、尊严受损，我们应该做到的是冷静处理，学会筛选和审视，综合衡量自己是否与夸赞之辞相距甚远，又是否与批评之辞不太相符。只有这样，才能更加准确地定位自己、了解自己，从而不断地提高自己。

故事品读

齐威王从谏不偏听

齐威王是战国时齐国的国君。他刚即位时，国内政治非常混乱，国势极为衰弱。因而其他诸侯国不断地来进犯，国势很不安宁。几年后，齐威王决心励精图治，振兴国家。

他首先果断地整顿吏治。当时朝廷中有很多官员，身居要职却玩忽职守，热衷于阿谀奉承，弄虚作假，并拉帮结伙，打击正直之士。为改变这种状况，齐威王抓住典型，严明赏罚。

他了解到即墨大夫恪尽职守，治民有方，但却有人议论纷纷，说他的坏话。齐威王就把即墨大夫招来，对他说："自从你到了即墨之后，毁谤你的话天天不断。然而我派人视察即墨，看到田野广阔，百姓丰足，官吏不耽误公事，国家的东部因此很是安宁。这是因为先生您只管勤勤恳恳地治理即墨，不巴结逢迎我身边的官员的缘由呀！"齐威王随即就赏他万户封邑。

他还了解到阿城大夫，虽然不少人说他的好话，但他治理的阿城，土地没有开阔，百姓生活贫困。于是把阿城大夫招来，对他说道："你到阿城以后，我天天听到赞美你的话。然而我派人去阿城视察了解，发现那里许多土地没有开垦，百姓缺吃少穿，生活穷困。赵国攻打阿城附近的甄城你不去救援，卫国攻占阿城附近的薛陵，你都不知道。可还有不少人说你的好话，这都是因为你以厚礼向我身边的人行贿的结果。"当天就以烹刑处死了阿城大夫，并把朝中受贿、赞美过阿城大夫的几个近臣也一并烹杀了。

这样一来，齐国上下为之震惊，风气大变，官吏们人人不敢文过饰非，个个都尽心竭力，老老实实地办事，齐国的政治局面迅速好转，其他诸侯国在很长时间内都不敢欺侮齐国。

拓展阅读

【原文】

若与是非之士，凶险之人，近犹不可，况与对校乎？其害深矣。夫虚伪之人，言不根道，行不顾言，其为浮浅，较可识别；而世人惑焉，犹不检之以言行也。近济阴魏讽、山阳曹伟，皆以倾邪败没。荧惑当世，挟持奸慝，驱动后生。虽刑于鈇钺，大为炯戒。然所污染，固以众矣。可不慎与？若夫山林之士，夷叔之伦，甘长饥于首阳，安赴火于绵山，虽可以激贪励俗，然圣人不可为，吾亦不愿也。

——《三国志·王昶传》

【译文】

譬如搬弄是非的人，邪恶的人，接近他尚且不行，何况与他较量呢？否则，就受害太深了。虚伪的人，说话没有依据，做事不顾及自己所说过的话，这种人轻浮肤浅，比较容易识别；可是人们受到迷惑，是因为人们不用他所说与所做的检审他。最近济阴人魏讽、山阳人曹伟都因为邪恶不正而死。迷惑现世，凭借奸邪，煽动青年人，即使是遭受残酷的死刑这种严厉的惩戒也不为过。但是，对人们造成的危害，却已经很严重了。对此，能够不谨慎吗？像隐居山林的有识之士，伯夷、叔齐之类，甘愿饿死在首阳山，介之推自焚于绵山，他们的行为虽然可以激起贪婪的人醒悟，振奋没落的士风，但是圣人也做不到，我当然也不希望你们这样做。

戒骄戒躁，谦益满损

《诫盈》篇训导李治说：人君虽富有四海，但若“好奇技淫声、鸷鸟猛兽，游幸无度，田猎不时”，那就会徭役繁重，人力枯竭，农桑荒废。人君若“好高台深池，雕琢刻镂，珠玉珍玩”，也会因赋敛重而民生匮、饥寒生。他指出：“乱世之君，极其骄奢，恣其嗜欲。”“故人神怨愤，上下乖离，佚乐未终，倾危已至。”唐太宗发挥诸葛亮的家训思想说：“俭以养性，静以修身。俭则人不劳，静则下不扰。”希望李治戒盈满，防奢纵。

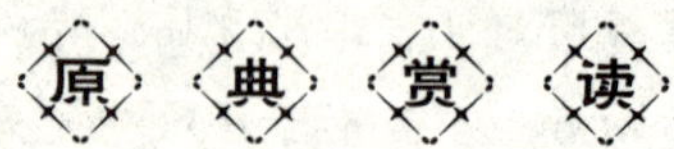

诫盈篇

【原文】

夫君者俭以养性，静以修身。俭则人不劳，静则下不扰。人劳则怨起，下扰则政乖。人主好奇技淫声，鸷鸟猛兽，游幸无度，田猎不时，如此则徭役烦，徭役烦则人力竭，人力竭则农桑废焉。人主好高台深池，雕琢刻镂，珠玉珍玩，黼黻絺绤，如此则赋敛重。赋敛重则人才遗，人才遗则饥寒之患生焉。乱世之君，极其骄奢，恣其嗜欲。土木衣缇绣，而人裋褐不全；犬马厌刍豢，而人糟糠不足。故人神怨愤，上下乖离，佚乐未终，倾危已至，此骄奢之忌也。

【译文】

人君如果以俭德养性，就不会变得骄侈；人君如果静而无为，就可以修正其身。人君崇俭，则人不劳；人君致静，则下不扰。人君如果有奢侈之心，耗用不节，重敛于民，则人必劳，人民劳累，那么就会招致民怨四起；则下必乱，下乱则政危。如果人君喜爱新奇的技巧和浮靡不正派的乐曲，喜爱鹰、鹞、雕、鹗等凶猛的鸟类和貔、虎、熊、罴等凶猛的兽类，加之放荡无度，又不按狩猎规律去打猎，那么势必造成徭役繁多，徭役繁多则人力疲竭，人力疲竭则农桑荒废。如果人君爱好宫室台榭和陂池侈服，爱好雕琢刻镂，喜玩珍宝珠玉，喜穿绣有花纹的礼服和刺绣的衣服，那势必造成赋役繁重，赋役繁重则人才流失，人才流失则饥寒之患发生。可是乱世之君，极其骄奢，大肆贪欲。土木之功穷极技巧，皆被缇绣之文采，而穷苦的人们则粗陋之衣亦不得完全；君王用谷物喂养犬马家畜，而穷苦的人们食糟糠之食亦不得温饱。这样一来，明则有人怨恨，幽则有神愤怒。人君不能恩泽于百姓，民情得不到传达，上下乖戾就必然隔离了。因此，富贵生骄侈，骄侈恣嗜欲，若不知戒，则佚乐未终而倾危已至了。这种不能预戒其盈，以贪慕骄侈，至于乱危，果然是很危险的事啊！

家训启迪

骄奢无度的人君会导致国家倾覆。同理，奢侈贪欲的生活会使自己心灵的国度变得满目疮痍。

“万恶淫为首”，没有节制的骄奢是可怕的。无论你是创一代还是富二

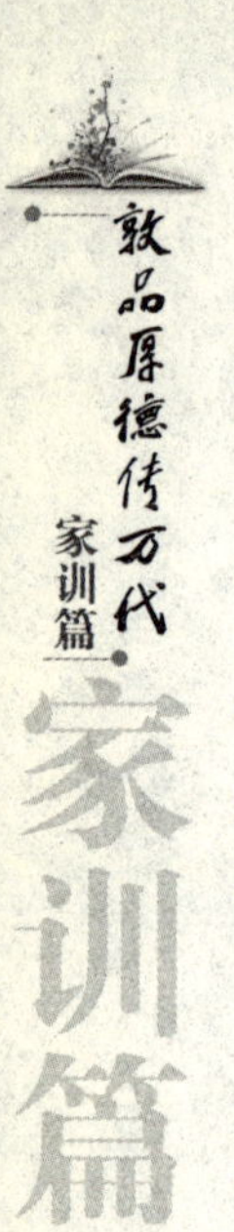

代，又或者是明天的富豪，如果不能够冷静理智地掌控手中的财富，而是不加节制地奢侈铺张，就会导致骄奢之心永远无法满足，贪欲恣意生长，直逼精神的崩溃边缘。如若不肯省悟，那么也许直到日薄西山那一刻，才会带着无法补救的遗憾而悔恨晚矣。

为什么有的人会追求穷奢极侈呢？也许是他们忘了或者混淆了最初挣钱的目的。在解决了生存问题之后，我们所追求的应该是幸福感，而不是用钱财满足快感和虚荣心，不是用钱财撑起颜面。人活着其实并不是给外人看的，目的也不是让别人羡慕嫉妒的，一旦将这种想法与幸福感等同起来，就会陷入奢侈无度而又永不知足的状态。真心来讲，一件五十元的与一件上万元的衣服真正的差别在哪里呢？无非就是一件用来遮体保暖而另一件用来炫耀。这或许也正是为什么市场上会有那么多仿真品的原因了。

奢侈无度不仅是一种不健康的生活状态，也是一种不健康的心理状态，内心的无底洞永远无法填满，拿来攀比的标准又逐步升高，骄奢病也会越来越重，直至病入膏肓。只有懂得“俭以养性，静以修身”的人才真正是生活的智者，不妨尝试一下以俭养性，以静修身的生活方式，也许你会生活得更幸福。

故事品读

刘邦的“三不如”精神

刘邦是秦末农民起义领袖，西汉开国皇帝。他谦虚谨慎，善于看到别人长处的美德，世代被传为佳话。

刘邦早年在乡里只是一个小小的泗水亭长，管辖十里方圆，显然德不出众，才不超群。然而，就是他完成了西汉的统一大业，显赫一时。据传，公元前202年，刘邦登基之后，为了庆祝胜利，有一天他在洛阳南宫大摆酒席，宴请群臣，宴会厅里喜气洋洋，文武百官欢聚一堂，频频举杯开怀畅饮，各路诸侯和军事要人，接连向刘邦敬酒，为他歌功颂德。有的说：“陛下赏罚严明，有功必赏，有过必罚，全军将士甘愿冲锋陷阵。”有的说：“陛下约法三章，带兵秋毫无犯，深得民心。”正当大家酒兴正浓，畅所欲言之时，刘邦谦恭地对大家说：“夫运筹帷幄之中，决胜千里之外，吾不如子房；镇国家，扶百姓，给馈饷不绝粮道，吾不如萧何；连百万之军，战必胜，攻必取，吾不如韩信。此三者，皆人杰也，吾能用之，此吾所取天下也。”在这里，刘邦坦率地承认，自己在军事谋略方面不如张良，在组织军队给养方面不如萧何，在带兵指挥作战方面不如韩信。然而，刘邦作为汉初三杰的主公，正是尊重他们的正确意见，集中他们的智慧，发挥他们的作用，才造成谋士如云、猛将如雨的开创基业局面，取得统一天下的传业。

刘邦在这次席间，连续说了三个“我不如”，使在座的文武百官对他更加敬佩。后人便把刘邦的“三不如”精神，作为谦虚谨慎、善于看到别人长处，以及善于用人的美德，加以效仿。

拓展阅读

【原文】

董生有云：“吊者在门，贺者在闾。”言有忧则恐惧敬事，敬事则必有善功，而福至也。又曰：“贺者在门，吊者在闾。”言受福则骄奢，骄奢则祸至，故吊随而来。

——《艺文类聚》

【译文】

董仲舒说过：“吊哀的人上了家门，贺喜的人跟着就会到门里了。”这是说人有忧患，则心怀恐惧，处事谨慎小心，因而能取得好的功事，福惠也就随之降临了。他又说：“贺喜的人上了家门，吊哀的人跟着就会到门里了。”这是说，享福容易导致骄傲、奢侈，而由此招致祸事，这样，致哀的人也随之到来。

功过有度，赏罚分明

唐太宗极其重视赏罚的导向价值，在《赏罚》篇中教诫李治：君王之御众，“显罚以威之，明赏以化之。威立则恶者惧，化行则善者功”。实行赏罚，要以国家利益而不以个人好恶为标准，“适己而妨于道，不加禄焉；逆己而便于国，不施刑焉”。适己赏无功者，无以劝善；罪及利国者，无以惩恶。对有功者，虽仇必赏；对有罪者，虽亲必罚。这样，“赏者不德君，功之所致也；罚者不怨上，罪之所当也”。唐太宗一生慎赏慎罚，大体上做到赏罚得当，为李治树立了学习的榜样。

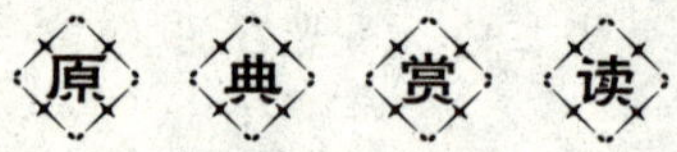

赏罚篇

【原文】

夫天之育物，犹君之御众。天以寒暑为德，君以仁爱为心。寒暑既调，则时无疾疫；风雨不节，则岁有饥寒。仁爱下施，则人不凋弊；教令失度，则政有乖违。防其害源者，使民不犯其法。开其利本，使民各备其业。显罚以威之、明赏以化之。威立则恶者惧，化行则善者劝。适己而妨于道，不加禄焉；逆己而便于国，不施刑焉。故赏者不德君，功之所致也；罚者不怨上，罪之所当也。故《书》曰：“无偏无党，王道荡荡”。此赏罚之权也。

【译文】

天地养育万物，就好比人君抚育众生。由于上天要化育万物，故以寒暑为德；由于人君要抚育众生，故以仁爱为心。寒暑既协调，则六气和，故四时无疾疫；若风雨不均匀，则五谷不登稔，故岁有饥寒。人君以仁爱下施，则天下大治，故人不至于凋敝；假如命令失度，则刑罚不当，因此为政必有不当。防止危害源头的人，使民不触犯法律；开其利本，使民各司其业，此乃教民之道。有罪者当众给以处分，罚当罪则奸邪止；有功者当众给以褒奖，赏当功则臣下劝。刑不滥罚则威立，威立则恶者惧；赏不妄行则化行，化行则善者劝。虽是适于己但妨碍于道，不仅不加禄俸而且处罚他；虽是逆于己但有益于国，不仅不施刑罚而且奖赏他。所以受赏者认为是自己有功当赏，不必感君之恩德；受罚者认为是自己罪之当罚，不会有什么怨言。因此《尚书·洪范》篇中说道："如赏罚得当，不因个人喜怒而定，而因功罪而定，故无偏党之私。如此，则王道如天地之广大无极。"此乃是赏罚轻重不失其公平的结果。

家训启迪

《赏罚篇》中，唐太宗提出君主治理国家如果赏罚得当，就如同大自然四季更替、风调雨顺一般，罪恶之人得到惩罚可以起到杀一儆百的作用，行善之人得到奖赏可以树起人们效仿学习的榜样。另外，他也提到，不可因一个人不利于政道施行却顺应君心就加以奖赏，也不能因一个人对国家有利但拂逆君王就得到处罚。赏罚得当，不应以个人喜怒而定，而应"无偏无党"，因功过而定。

君王治理国家如此，家长持家也是如此。不能因孩子讨人喜欢、爱孩子，就对他的所作所为不加管教约束，使得他没有一个是非标准，不知道什么该做什么不该做；相反，如果孩子有所成绩或者做了哪怕一件小小的好事，做家长的即使再严厉，这时候也不应吝啬夸奖，否则容易让孩子认为得不到关心与肯定，也会认为所做的事情不值得努力，从而失去兴趣和积极性。因此，适度、得当的赏罚措施，有助于一个孩子的健康成长，也有助于一个家庭关系的良好维系。

故事品读

朱元璋护法除婿

明太祖朱元璋是中国历史上一个很有作为的皇帝。他一心为公，护法除驸马的事迹，在历史上广泛流传。

明朝初期，为了防备元朝的残余势力，保证军马的供应，明太祖采取了“茶马法”，即以四川的“巴茶”换甘陇一带游牧民族的良马，并相应设置了专门机构——茶马司。为了保证此法的推行，明太祖还规定：凡私运巴茶者，律同私盐，处以极刑！但是，有些利欲熏心、见利忘义的大贾小贩以及不法之徒，置国法于不顾，仍然变着法子走私贩茶，其中活动最猖獗的大走私犯就是明太祖的驸马欧阳伦。欧阳伦倚仗自己的妻子安庆公主是明太祖最敬重的马皇后所生，就肆无忌惮地走私贩茶，一次就贩万余斤，车马一长串，逢州过府，不但毫不收敛，反而还要征车派夫，享受招待。沿途的地方官员，不敢稍有违忤。为欧阳伦经办贩茶的家奴周保仗恃欧阳伦的势力，到处作威作福，凶残无比，竟把奉旨检查的巡检司官员打得遍体鳞伤，然后扬长而去。被毒打的巡检司官员异常气愤，冒死上书明太祖。

明太祖得知情况后气愤交加，心想：茶马法不但关系着国计民生，而且更关系到我朱家的江山，欧阳伦竟仗着驸马的身份，带头违法，我岂能饶他。他清醒地认识到：如果宽纵驸马欧阳伦，那么国法岂不成了一纸空文？朝廷的威信还从何谈起呢？想到这里，明太祖传旨命驸马欧阳伦进宫。欧阳伦进宫后十分惊恐，跪倒在地，连呼父皇饶命。明太祖怒斥了欧阳伦的不法行为，随后传旨赐死欧阳伦，嘉奖了忠于职守的那位巡检司官员。

拓展阅读

【原文】

今寿春、汉中、长安，先欲使一儿各往督领之，欲择慈孝不违吾令，亦未知用谁也。儿虽小时见爱，而长大能善，必用之。吾非有二言也，不但不私臣吏，儿子亦不欲有所私。

——曹操《诸儿令》

【译文】

现在，寿春、汉中、长安，先打算各派一个儿子前去督察治理，想选择仁慈孝顺不违背我的命令的，也不知用谁好。儿子们虽然小时都被我疼爱，而长大有才有德的，我一定任用他。我决不内外异法，不但对官吏不徇私情，对儿子也不想有所偏爱。

第三章

袁氏世范

《袁氏世范》在中国家训史上占有重要地位，堪称《颜氏家训》之亚。虽然《袁氏世范》以儒家之道为依据，但其思想很开明，字里行间透露着深刻的哲理，值得借鉴和学习。

【作者简介】

作者袁采（生卒年不祥），字君载，衢州人，隆兴元年（公元1163年）进士，官至监登闻鼓院。他秉性刚直，为官廉洁，曾纂修《东清县志》十卷，另著有《政和杂志县令不录》（今皆不传），被时人称赞为“德足而行成，学博而文富。”

在担任温州乐清县县令时，他感慨当年子思在百姓中宣传中庸之道的行为，以自身的处世经验和感悟，开始撰写《袁氏世范》这一治家格言录，用以践行伦理教育，美化风俗习惯。

它所蕴含的丰富伦理教化思想，可谓是“世之范模”，直到今日仍值得后人学习借鉴。这正如袁采的友人刘镇所说“其言精确而详尽，其意则敦厚而委屈，习而行之，诚可以为孝悌，为忠恕，为善良而有士君子之行矣”。

相较于宋代以前大多意求“典正”的家训而言，《袁氏世范》一反前人，大胆立意“训俗”，语言通俗平易，如话家常，作者将自己的见解娓娓道来，虽不深谈治国之法，却对治国安邦大有助益。

人性有别，贵在忍容

在《睦亲》篇中，袁采不是说教式的仅仅提出一些条文要求，而是从人们的不同性格、性情的分析入手，深入剖析造成家庭失和的根本原因。他认为只有弄清家庭不和的症结所在，才能从根本上解决家庭不和。按他的解释，即使同一个家庭的成员，其“人性”也是不同的，既然人的禀性有如此差异，假如做父亲的硬要儿子的禀性适合自己、做兄长的硬要弟弟的禀性适合自己，那么对方未必心甘情愿。这样“其性不可得而合，则其言行亦不可得而合，此父子兄弟不和之根源也。”

睦亲（一）

【原文】

人之至亲，莫过于父子兄弟。而父子兄弟有不和者，父子或因于责善，兄弟或因于争财。有不因责善、争财而不和者，世人见其不和，或就其中分别是非而莫名其由。盖人之性，或宽缓，或褊急，或刚暴，或柔懦，或严重，或轻薄，或持检，或放纵，或喜闲静，或喜纷拏，或所见者小，或所见者大，所禀自是不同。父必欲子之强合于己，子之性未必然；兄必欲弟之性合于己，弟之性未必然。其性不可得而合，则其言行亦不可得而合。此父子兄弟不和之根源也。况凡临事之际，一以为是，一以为非，一以为当先，一以为当后，一以为宜急，一以为宜缓，其不齐如此。若互欲同于己，必致于争论，争论不胜，至于再三，至于十数，则不和之情自兹而启，或至于终身失欢。若悉悟此理，为父兄者通情于子弟，而不责子弟之同于己；为子弟者，仰承于父兄，而不望父兄惟己之听，则处事之际，必相和协，无乖争之患。孔子曰："事父母，几谏，见志不从，又敬不违，劳而无怨。"此圣人教人和家之要术也，宜孰思之。

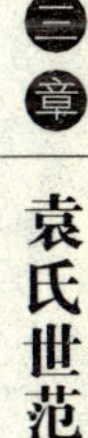

【译文】

人的至亲，莫过于父子兄弟。然后父子兄弟之间有相处不和睦的，父子之间有的因为父亲对孩子求全责备，兄弟之间有的因为争夺家产。有些家庭既不因求全责备，又不因争夺财产却也很不和睦，世人见他们不和，有人便从其中分辨是非，最终也没能找到不和的理由。人的性格，有的宽舒和缓，有的偏颇急躁，有的刚猛粗暴，有的优柔懦弱，有的严肃庄重，有的轻浮浅薄，有的克制检点，有的放肆纵意，有的喜欢闲雅恬静，有的喜欢热闹纷扰，有的人见识短浅，有的人见识广博，禀性各有不同。父亲如果一定要强求子女符合自己的期望，而子女的性格却未必是那样；兄长如果一定要强求弟弟符合自己的心意，而弟弟的性格也未必如此。他们的性格不可能做到相合，那么他们的言行也就不可能相合。这是父子兄弟不和睦的根源。况且但凡面临一件事情时，一方认为正确，一方认为错误，一方认为应当先做，一方认为应当后做，一方认为应该急，一方认为应该缓，对于一件事的观点就如此参差不齐。如果彼此想要对方和自己相同，必将导致争论，争论不出胜负，以致再三争论，甚至争论十多次，则不和睦的情感自此产生，有的甚至一辈子也不和。如果人们都能明白这一道理，做父亲、兄长的对子女和弟弟通达情理，不强求他们与自己相同，做子女、弟弟的，恭敬地追随父亲、兄长，且不期望父兄只听从自己的意思，那么在处理事情的时候，一定会和睦相处，没有乖戾论争的担忧。孔子说："对待父母，多次劝谏，见到自己意见不被采纳，也必须要恭恭敬敬，不违背父母，在做事时也要无怨无悔。"这是圣人教给人们使家庭和睦的重要方法，我们应认真思考。

【原文】

人之父子，或不思各尽其道，而互相责备者，尤启不和之渐也。若各能反思，则无事矣。为父者曰："吾今日为人之父，盖前日尝为人之子矣。凡吾前日事亲之道，每事尽善，则为子者得于见闻，不待教诏而知效。倘吾前日事亲之道有所未善，将以责其子，得不有愧于心！"为子者曰："吾今日为人之子，则他日亦当为人之父。今吾父之抚育我者如此，畀付我者如此，亦云厚矣。他日吾之待其子，不异于吾之父，则可俯仰无愧。若或不及，非惟有负于其子，亦何颜以见其父？"然世之善为人子者，常善为人父，不能孝其亲者，常欲虐其子。此无他，贤者能自反，则无往而不善；不贤者不能自反，为人子则多怨，为人父则多暴。然则自反之说，惟贤者可以语此。

【译文】

父子之间，有的不思虑各尽其责，反而互相责备，这是导致父子逐渐不和的根源。如果父与子能各自反思一下，那就不会有事了。做父亲的应该这样说："我现在为人之父，但昔日也曾为人之子。大凡我从前侍奉父母的原则，是每件事都力求尽善尽美，那么做子女的就会耳濡目染，不等我去教导就会明白怎样侍奉父母了。倘若我过去侍奉父母有做得不好的地方，如今却去责备孩子做不到这些，难道不是有愧于心吗！"做儿子的应该这样说："我今天为人之子，日后也会为人之父。现在我的父亲如此尽心尽力地抚育我，并且为我付出这么多心血，可以称得上是厚爱了。日后我对待自己的儿女，只有跟我的父亲一样，才会无愧于心。如果赶不上，不仅有负于子女，而且哪里还有颜面去见父亲？"世上善于做儿子的人，也常常善于做父亲，不能够孝顺自己双亲的，也时常想虐待自己的子女。没有别的原因，只是贤明的人能够自我反省，做任何事就会很妥善；不贤明的人不能自我反省，为人之子则多怨恨，为人之父则多暴戾。如此看来，自省的道理，只有贤明的人才可以谈论。

【原文】

慈父固多败子，子孝而父或不察。盖中人之性，遇强则避，遇弱则肆。父严而子知所畏，则不敢为非；父宽则子玩易，而恣其所行矣。子之不肖，父多优容；子之愿悫，父或责备之无已。惟贤智之人即无此患。至于兄友而弟或不恭，弟恭而兄或不友；夫正而妇或不顺，妇顺而夫或不正，亦由此强即彼弱，此弱即彼强，积渐致之。为人父者，能以他人之不肖子喻己子；为人子者，能以他人之不贤父喻己父，则父慈而子愈孝，子孝而父益慈，无偏胜之患矣。至于兄弟、夫妇，亦各能以他人之不及者喻之，则何患不友、恭、正、顺者哉！

【译文】

慈父多败子，儿子孝顺有时也不被父亲察觉。大概一般人的性格，是遇到强者就躲避，遇到弱者就放肆。父亲严格则儿子就会感到畏惧，就不敢为非作歹；父亲宽厚则儿子就会轻视，就会恣意妄为。儿子不孝，多是由于父亲过于纵容；儿子诚恳朴实，

多是由于父亲不停地求全责备造成的。唯独那些贤明睿智的人没有这种忧虑。至于兄长友爱弟弟而弟弟却不恭敬兄长，或者弟弟恭敬兄长而兄长却不友爱弟弟；丈夫正派而妻子却不顺从，或者妻子顺从而丈夫却不正派的，也是由于此强彼弱，此弱彼强，逐渐积累形成的。做父亲的，能够把他人的不孝之子同自己的儿子做比较；当儿子的，能够把他人不贤明的父亲与自己的父亲做比较，那么，父亲越慈爱则儿子便会越孝顺，儿子越孝顺则父亲便会越慈爱，就不会再有此强彼弱的情况了。至于兄弟、夫妇，如果各自也都能拿他人的不足与自己亲人的优点做比较的话，那么，又何必担心兄长不友爱、弟弟不恭敬，丈夫不正派、妻子不顺从呢！

【原文】

自古人伦，贤否相杂。或父子不能皆贤，或兄弟不能皆令，或夫流荡，或妻悍暴，少有一家之中无此患者，虽圣贤亦无如之何。身有疮痍疣赘，虽甚可恶，不可决去，惟当宽怀处之。能知此理，则胸中泰然矣。古人所以谓父子、兄弟、夫妇之间人所难言者如此。

【译文】

自古以来的人伦关系，就是好坏相杂。有的是父子二人一贤一愚，有的是兄弟二人一善一恶，有的是丈夫不务正业，有的是妻子凶悍暴戾，很少有一个家庭是没有这种情况的，即使是圣贤也对此无可奈何。这就好比身上长满各种疮毒，虽然甚是厌恶，但却无法去除一样，只能宽容地对待。能明白这个道理的人，就会泰然处之。古人所说的父子、兄弟、夫妇之间的难言之隐就是这些。

【原文】

子之于父，弟之于兄，犹卒伍之于将帅，胥吏之于官曹，奴婢之于雇主，不可相视如朋辈，事事欲论曲直。若父兄言行之失，显然不可掩，子弟止可和言几谏。若以曲理而加之，子弟尤当顺受，而不当辩。为父兄者又当自省。

【译文】

儿子之于父亲，弟弟之于兄长，就如同士兵之于将帅，差役之于官吏，奴婢之于雇主，不能看作同辈的朋友，事事都要争论是非对错。如果父亲、兄长的言行有过失，明显得无法掩饰，那么，做儿子、弟弟的只能耐心和气地规劝。如果父亲、兄长不讲道理，做儿子、弟弟的也应当顺从忍受，而不能争辩。做父亲、兄长的则应该自我反省。

【原文】

人言居家久和者，本于能忍。然知忍而不知处忍之道，其失尤多。盖忍或有藏蓄之意。人之犯我，藏蓄而不发，不过一再而已。积之既多，其发也，如洪流之决，不可遏矣。不若随而解之，不置胸次。曰：此其不思尔。曰：此其无知尔。曰：此其失误尔。曰：此其所见者小尔。曰：此其利害宁几何。不使之入于吾心，虽日犯我者十数，亦不至形于言而见于色，然后见忍之功效为甚大，此所谓善处忍者。

【译文】

人们常说家庭生活能长久和睦的，其根本原因在于能忍。然而只知忍耐而不知如何去忍而导致的失误会更多。大概忍中有隐藏积蓄的意思。别人冒犯了我，我将愤懑埋藏积攒起来而不发泄，这种作法只不过适用一两次罢了。积蓄得多了，发泄的时候，就会像洪流决堤，不可遏止。不如将愤懑随时化解，不憋在心里。要对自己说：他这样做是没经过考虑罢了。说：他这样做是因为无知罢了。说：他这样做是因为失误罢了。说：他这样做是因为见识短浅罢了。说：他这样做对我又有多少利害关系呢。不把这些事放在心上，即使每天冒犯我数十次之多，我也不至于在言语表情上有什么愤怒之色，这样才能看出忍耐的功效甚是巨大啊，这才是善于忍耐的人。

【原文】

骨肉之失欢，有本于至微而终至不可解者。止由失欢之后，各自负气，不肯先下尔。朝夕群居，不能无相失。相失之后，有一人能先下气，与之话言，则彼此酬复，遂如平时矣。

【译文】

亲人之间的矛盾，往往由一些细琐小事引起而最终导致终生失和。其原因在于产生矛盾后，各自都有怨气，都不肯先向对方认错。一家人朝夕相处，不可能没有矛盾。而有了矛盾之后，如果有一个人能够先让步，与对方讲和，那么，彼此的关系就会缓和，而后就如同平时一样和睦了。

家训启迪

每个人生活在世上，都必须同别人相处，不管是职场同事，还是偶然相逢、短期相处的人，难免都会有利益的交错和竞争。

竞争一般有两种方式，一种是胜者通吃的零和博弈；另一种是各有所得的双赢游戏。在日常的交往中，一个有起码道德修养的人都知道，个人的自由是以不妨碍他人的权利为界限的，但是，自己和别人各自权利的界限在哪里呢？

有些人总喜欢占别人的便宜，或者侵占公共利益。例如，在多家合住的公房过道，总是乱糟糟的，总有人要搬一张破桌子放在过道，虽然没有用处，但总觉得多占了一点公共空间，心里感到满足。自己做点事情，总要看别人是不是做得比自己多，否则浑身难受。

这样的事例，在日常生活中屡见不鲜。遇到喜欢占小便宜或者嫉妒心强烈的人，怎么办呢？首先要看看事情的性质，只要不是原则性的大事，不妨包容对方，不必寸土必争，让矛盾升级，非要拼个你死我活不可。

有人说这是典型的中国人想法，西方文化就不是这样，如果在美国，那就会通过打官司来解决。这话没错，但是，在中国有几个方面需要考虑：

第一，西方的做法不一定适合中国的传统，或许将来法制健全，我们会越来越多地采用司法裁判的办法，但是，在现阶段并不是所有的人都能接受打官司的做法。

第二，法制的不健全，以及司法的腐败，裁判的结果未必公正，全国人大代表审议政府机关的工作报告，法院的工作报告反对票不少，反映出当前司法裁判不足的现状。

其实，美国人对于打官司的看法与我们有很大的差异。

中国人视打官司为撕破脸，今后相互为敌；而美国人却认为请法官裁断，可以让当事各方不必争吵而伤面子，裁判之后，依然可以相处。显然，美国人打官司也是为了以后能够继续相处，与中国人的忍让有异曲同工之妙。

故事品读

公艺百忍

唐朝张公艺，他的家里竟有九代同堂，住在一块不分家，也因为这么和气兴盛，引起皇帝的注意。他家祖先从北齐开始得到当时皇帝重视，表扬这户人家能和睦共处，足以成为邻里的典范。到了隋朝，以及唐太宗时也一样得到朝廷的表扬。

等到了高宗时，这户人家依然兴盛。有一次，高宗皇帝到泰山路过当州这个地方，就来拜访张公艺，问他："为什么你们这一家可以和乐融融，这么多人都能居住在一块呢?"张公艺就请求用纸笔来对答，高宗皇帝就给了他纸笔，他提起笔竟连写了一百多个"忍"字呈给皇上，并且说："一个家庭一切都得益于'忍'。宗族为什么不能和睦相处呢？最主要是领导人有偏颇、私心，在衣食住行方面会徇私，家人当然就会起愤愤不平之心。

"除此之外，长幼是否有序，也是一个重要的关键。如果一个家庭没有尊卑，没有次第，那么这个家一定很混乱，在一起相处时一定纷争不断，更何况彼此之间如果不能相互的包容，就会相互争吵，彼此不能同心协力相互合作，不愿意努力生产，家里的产业就不能蒸蒸日上，这个家就没有办法维持下去了。

如果每一个人，都积极为家里作贡献，在平时互相协助，都能用这个‘忍’字，做到礼让，那么家庭当然就能和睦了。”

从上述的故事中我们看到，张公艺的家能够九代同堂的秘诀是一个“忍”字，所以我们在日常生活和工作中，都应该学会“忍”。经典中说“一切法得成于忍”，这个“法”就是一切事情的成就，如果你没有忍耐的功夫，就一事无成。如果我们学会了忍耐，那最终的结果是“百忍成金”。

拓展阅读

【原文】

每思天下事，受得小气，则不至于受大气；吃得小亏，则不至于吃大亏。此生平得力之处。凡事最不可想占便宜。子曰：“放于利而行，多怨。”便宜者，天下人之所共争也。我一人据之，则怨萃于我矣；我失便宜，则众怨消矣。故终身失便宜，乃终身得便宜也。

——《聪训斋语》

【译文】

经常想到天下事的道理，能够忍受得了小气，就不至于受大气；吃得了小亏，就不至于吃大亏。这是我一生体会最深的地方。凡事最不能想的就是占便宜。孔子说：“依个人之利而行，乃取怨之道。”便宜的东西，天下的人都想争抢。我一个人占有，那么怨恨就集中于我一个人身上；我放弃了便宜，那么众怨就消失了。所以一辈子不贪图便宜，就是一辈子得便宜。

远离游闲，立学建业

子弟从业，以求养生。在《睦亲》篇中，袁采就从父辈对子弟关爱的角度，告诫家长特别是富贵之家的家长，应让子弟从事一定的正当职业，这样使贫家子弟避免饥寒，富家子弟免于染上酒色博弈等恶习。本篇，他又对子弟应该从事的正当职业给予了具体的指导。袁采认为，士大夫子弟首选的职业当是读书习儒，这样上可以取科第、致富贵，次可以开门教授生徒。即使不能习进士业者，还可以事笔札、代笺简、为童蒙师。“如不能为儒，则医、卜、星相、农圃、商贾、伎术，凡可以养生而不至于辱先者，皆可为也。”

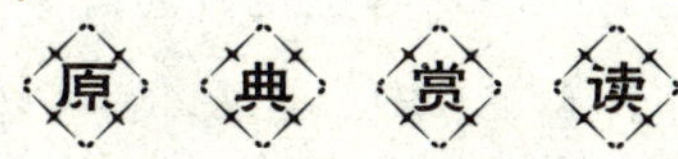

睦亲（二）

【原文】

人之有子，须使有业。贫贱而有业，则不至于饥寒；富贵而有业，则不至于为非。凡富贵之子弟，耽酒色，好博弈，异衣服，饰舆马，与群小为伍，以至破家者，非其本心之不肖，由无业以度日，遂起为非之心。

【译文】

有孩子的人，就必须让孩子有份职业。家贫的人有了职业，就不至于挨饿受冻；富贵的人有了职业，就不至于为非作歹。大凡富贵人家的子弟，沉湎于酒色，嗜好下棋赌博，喜欢穿奇装异服，喜欢乘坐华丽的车马，与小人拉帮结伙，以至于家道败落的，并非原本就是不肖之子，而是因为没有职业、游手好闲，于是产生为非作歹之心。

【原文】

大抵富贵之家教子弟读书，固欲其取科第及深究圣贤言行之精微。然命有穷达，性有昏明，不可责其必到，尤不可因其不到而使之废学。盖子弟知书，自有所谓无用之用者存焉。史传载故事，文集妙词章，与夫阴阳、卜筮、方技、小说，亦有可喜之谈，篇卷浩博，非岁月可竟。子弟朝夕于其间，自有资益，不暇他务。又必有朋旧业儒者，相与往还谈论，何至饱食终日，无所用心，而与小人为非也。

【译文】

大概富贵人家教子弟读书，本来是想要他们考取功名并深入研究圣贤言行中的精深道理。然而人的命运注定有贫穷、富贵之别，人的资质也有愚钝、聪明之分，不可责成他能获取功名，也不可因为没能达到求取功名的标准，便让他辍学。子弟们读书学习，自有许多看似无用却有用的东西存在。史传上记载的故事，文集中绝妙的辞章，以及那些阴阳、卜筮、方技、小说，都有许多可以谈论的好内容，况且卷帙浩博，不是一年半载就能读完的。子弟们朝夕都埋于书籍之中，自然会有所收益，也就无暇顾及不正当的事了。而且如果子弟们读书学习，则故交中的读书人，就会与他们一起谈古论今，这样的话，子弟们又怎会饱食终日，无所事事，以致与小人一起为非作歹呢。

家训启迪

哪些是辱没先人的职业呢？袁采认为是乞丐、盗贼、贩私、乞怜折腰于富贵人家之类。这里，袁采将过去被人瞧不起的职业作为子弟可以选择的职业，的确是择业观上的一大进步。

在这个飞速发展的时代中，企业用人在重视学历的同时，更应重视能力。如果我们不能练就一身的本领，早日学成立业，或者只会死读书，不会变通，不会应用，那么结果只有被社会淘汰。

我们学习任何一门学问都要有恒心、有毅力、有耐心。一定要努力去学习，你才能学得好。现代的人浮躁得多，凡是学习任何事物，都希望一蹴而就，也就是说想用很短的时间，就把它学好。当然这是不可能的。学问需要日积月累，学才艺也是如此，我们看人家有一身好的功夫，只有羡慕，不晓得好功夫的后头需要付出多少努力，才有这样的成果。

所以古人有一句谚语“台上三分钟，台下十年功。”这也是告诉我们，别人这么好的成就，也是下了很多的功夫，才有办法学到。古人教育我们在学习时，千万不要好高骛远。

故事品读

老子与老翁

传说老子骑着牛过函谷关，在函谷府衙为府尹留下洋洋五千言《道德经》时，一名年逾百岁、鹤发童颜的老翁大肆招摇到府衙找他。

老翁对老子略略施了个礼，说：“听说先生博学多才，老朽愿向您讨教个明白。”

老翁得意地说：“我今年已经一百零六岁了。说实在话，我从年少时直到现在，一直是游手好闲地轻松度日。与我同龄的人都纷纷作古，他们开垦百亩沃田，却没有一席之地；修了万里长城，而未享辚辚华盖；建了四舍屋宇，却落身于荒野郊外的孤坟。而我呢，虽一生不稼不穑，却还吃着五谷；虽没置过片砖只瓦，却仍然居住在避风挡雨的房舍中。先生，是不是我现在可以嘲笑他们忙忙忙碌碌一生，只是给自己换来一个早逝呢？”

老子听了，微微一笑，吩咐府尹说：“请找一块砖头和一块石头来。”

老子将砖头和石头放在老翁面前，说：“如果只能择其一，仙翁您是要砖头呢还是愿取石头？”

老翁得意地将砖头取来放在自己面前说：“我当然择取砖头。”老子抚须笑着问老翁：“为什么呢？”

老翁指着石头说：“这石头没棱没角，取它何用？而砖头却用得着呢。”

老子又招呼围观的众人，问：“大家要石头还是要砖头？”

众人都纷纷说要砖头，而不取石头。

老子又回过头来问老翁："是石头寿命长呢，还是砖头寿命长?"老翁说："当然石头了。"

老子释然而笑说："石头寿命长，人们却不选择它；砖头寿命短，人们却选择它，不过是有用和没用罢了。天地万物莫不如此。寿虽短，于人于天有益，天人皆择之，皆念之，短亦不短；寿虽长，于人于天无用，天人皆摒弃，倏忽忘之，长亦是短啊!"

老翁顿然大惭。

拓展阅读

【原文】

夫志当存高远，慕先贤，绝情欲，弃疑滞，使庶几之志，揭然有所存，恻然有所感；忍屈伸，去细碎，广咨问，除嫌吝，虽有淹留，何损于美趣，何患于不济？若志不强毅，意不慷慨，徒碌碌滞于俗，默默束于情，永窜伏于凡庸，不免于下流矣？

——《诸葛亮集·诫外甥书》

【译文】

应该树立远大的理想，追慕先贤，节制情欲，去掉疑惑，无所畏缩，树立好学成才的志向；能屈能伸，豁达大度，不局限于琐屑的事情，虚心地广泛学习，确立宽大的气量，即使未能得到升迁，也不要损害自己美好的志趣，何愁理想不能得到实现？如果意志不坚强，意气不昂扬，沉溺于陋俗私情，碌碌无为，就将永远处于平庸的地位，难道不怕沦为俗人吗？

尊顺老人，孝行贵诚

袁采在他的《睦亲》中指出年长之人多有童心，作为儿女要尽量顺从——“而顺其意，则尽其欢矣。”而且，孝顺父母也一定是发自于我们的内心。从小到大，我们的父母为我们操尽心力，那么作为儿女的一定要回报父母的养育之恩。

睦亲（三）

【原文】

年高之人，作事有如婴孺，喜得钱财微利，喜受饮食果实小惠，喜与孩童玩狎。为子弟者能知此，而顺适其意，则尽其欢矣。

【译文】

年长的人做事就像小孩子一样，他们喜欢在钱财上占些小便宜，喜欢得到一些好吃的东西，喜欢和小孩子一起玩耍。做后辈子孙的，如果清醒地知道这一点，遵从并满足他的意愿，那么，就能使他获得欢心了。

【原文】

人之孝行，根于诚笃，虽繁文末节不至，亦可以动天地，感鬼神。尝见世人有事亲不务诚笃，乃以声音笑貌缪为恭敬者，其不为天地鬼神所诛则幸矣，况望其世世笃孝，而门户昌隆者乎？苟能知此，则自此而往，与应物接，皆不可不诚。有识君子，试以诚与不诚者，较其久远，效验孰多。

【译文】

人们孝顺父母的行动，来源于发自内心的真实情感。即使一些细小的事没有做到，也可以感动天地和鬼神。我曾经看见过世上有些人侍奉父母时不真心真意，只是在表面上假装很恭敬孝顺，他们这种人，不遭天地鬼神的惩罚就已算幸运的了，又哪里能指望他们这些人的世代子孙孝顺、家族兴旺发达呢？人们如果能够明白这个道理，从今以后在待人接物方面就不能不以诚相待。有见识的君子不妨观察比较一下，看看哪一种情况效果比较好。

【原文】

人当婴孺之时，爱恋父母至切。父母于其子婴孺之时，爱念尤厚，抚育无所不至。盖由气血初分，相去未远，而婴孺之声音笑貌，自能取爱于人。亦造物者设为自然之理，使之生生不穷。虽飞走微物亦然，方其子初脱胎卵之际，乳饮哺啄，必极其爱。有伤其子则护之，不顾其身。然人于既长之后，分稍严而情稍疏。父母方求尽其慈，子方求尽其孝。飞走之属稍长则母子不相识认，此人之所以异于飞走也。然父母于其子幼之时，爱念抚育，有不可以言尽者。子虽终身承颜致养，极尽孝道，终不能报其少小爱念抚育之恩，况孝道有不尽者。凡人之不能尽孝道者，请观人之抚育婴孺，其情爱如何，终当自悟。亦犹天地生育之道，所以及人者，至广至大，而人之报天地者何在？有对虚空焚香跪拜，或召羽流斋醮上帝，则以为能报天地，果足以报其万分之一乎？况又有怨咨乎天地者，皆不能反思之罪也。

【译文】

当人在婴幼儿时期，十分依恋父母。而父母在孩子小时对他的爱恋尤为深厚，抚育也无微不至。之所以这样，是因为父母与孩子之间气血相连，孩子出生后，这种联系也才刚刚割断，孩子的音容笑貌自然能唤起父母的爱恋。这也是造物主将这一切归为自然而然的事情，使人能够生生不息。即使是飞禽走兽也是如此，小动物刚刚出世时，它的父母哺育喂养关怀备至，表现出莫大的关爱。在其子女受到伤害时，它们便会不顾一切地加以救助。但是，人在长大以后，名分就变得稍稍严格了些，亲情则稍微淡漠。这时，父母就开始力求对子女尽其慈爱，子女则努力对父母尽其孝道。而飞禽走兽在长大以后，母子就不再相认了。这就是人类和动物的不同之处。然而，父母对于子女的爱护、抚育之情是言之不尽的。儿女们即使是终生尽孝也难以报答父母养育之恩，更何况有些人的孝道还做得不是很好呢。凡是有人不尽孝道的，那么就请他看一看，别人在抚育婴孩时是带着怎样的情爱，他应当能够有所醒悟吧。这又好比天地对人类有着极大的养育之恩，而人类能够回报天地的又有些什么呢？有人对空焚香跪拜或者请道士做道场以祭祀上帝，以为这样就能够报答天地的养育之恩，这样做真能够回报天地万分之一的养育之恩吗？更何况还有人一味地抱怨天地呢！这都是从来不进行自我反思的原因啊！

家训启迪

孝敬老人不只是从物质上给予关心，现代生活水平的提高，儿女们都给老人送吃送穿，但他们内心却十分孤独，究其原因，就在于儿女们整天忙于工作、学习和生意，无暇或不注意与父母沟通，使她们倍感落寞和孤寂，甚至感到惶惶不安。

孝敬老人不只是回家看看，主要是让老人从生活上得到幸福。如老人年龄大了，吃饭总觉无味，儿女要从改善生活上多一点关心，买点老人爱吃的东西，这不仅有益于老人的身体健康，而且也能使他们感受到生活的幸福。春夏秋冬，为老人添件衣服，给他们增加些温暖。房子漏雨，及时修补，免去老人的忧愁，使老人有一种安全感等。这些琐碎而又平凡的小事，只要儿女有一点孝心，并不难做到。

孝敬不是金钱，不是锦衣玉食，孝敬是爱。如果有爱，一声问候，一个电话，一封短信，一件小小的礼物，一段简短的谈话都会给老人以巨大的慰藉；如果有爱，工作忙、离老人太远就不能成为自己的借口；如果有爱，父母的唠叨就会变成美妙的音乐；如果有爱，就会懂得应该为老人做的事情还有很多很多。所以，在日常生活中，我们必须学会孝敬老人，学会用自己的行动来影响我们的孩子。

故事品读

田世国反哺之爱

2004年中国选出十大感动中国人物，其中一个孝子被选出来，他叫田世国。他的母亲得了尿毒症，已经到了晚期，必须移植一个好的肾脏才能延续生命。母亲得病后，关在屋内不肯就医，怕拖累儿女，但田家兄妹三人争相捐肾，最后田世国为母亲捐了肾。为了不给年迈的母亲增加心理压力，他们就没有告诉母亲田世国把肾移植到年过花甲的母亲体内的消息！后来，母亲接受肾移植很快康复过来，正是儿子如此壮烈的反哺之爱，才使生命垂危的母亲重获新生！他的举动使亲朋好友都很感动。

当他获选十大感动中国人物时，记者问："你心目中是怎么样理解现代孝道的?"田世国说："命都是父母给的，而且父母对子女的爱往往是不计回报的。现在很多人都说工作忙，和父母接触的机会少了。可是你可以不时打一个电话，或者每隔一段时间就把你和妻子儿女的照片给老人看；每年至少陪父母去医院做一次体检；周末陪父母逛一下街……给钱不是衡量孝顺与否的标准，孝敬父母的方式很多，也不是说非要捐肾才是最高的境界，那只是我家的特殊情况而已。"

田世国又说："我怎么能够和杨利伟、袁隆平比肩？我只是给我自己的母亲捐了一个肾嘛。他们对国家很有贡献，我只是做了为人子应该做的事，这点事赶不上母亲给我们恩德的万分之一，自己觉得实在受之有愧。"其实一个孝子的行为，完全可以带动整个社会良善的风气，唤醒更多人的孝心，更多人知恩报恩的态度。作为家里的长子，田世国从懂事时起就事事处处为父母分忧。1984年，他考入山东政法干部管理学院，毕业后分配到企业从事法律方面的工作，几年后与人合伙开办枣庄市华鲁律师事务所。在枣庄工作期间，他先后安排父母到海南旅游，出钱给父母装修房子。看到父母看电视时喜好不同，他竟然买了两台大彩电，乐呵呵地对父母说："你俩一人一台，免得经常为换台吵闹!”

2005 年 2 月 17 日，中央电视台评选“2004 年度感动中国人物”，让这个故事最终演化成一场被誉为“重新唤醒现代人传统孝道”的热潮，带给人们一个动人的亲情故事，田世国也成为家喻户晓的“年度感动中国人物”之一。

拓展阅读

【原文】

曾子曰：“父母生之，子弗敢杀；父母置之，子弗敢废；父母全之，子弗敢阙。故舟而不游，道而不径，能全支体，以守宗庙，可谓孝矣。”

——《吕氏春秋·孝行览第二》

【译文】

曾子说：“父母生下了子女，子女不敢毁坏；父母养育了子女，子女不敢废弃；父母给了子女一个健全的身体，子女不敢损伤。所以渡水时乘船而不游涉，走路时走大路而不走小路。才能避免危险，保全住自身，用来守护宗庙，可以叫做孝顺了。”

慢伪妒疑，君子不为

处富贵不宜骄傲，礼不可因人分轻重。袁采从宿命论立场出发认为，“富贵乃命分偶然，岂宜以此骄傲乡曲?”如果本自贫寒而致“富厚”“通显”，也不应“以此取优于乡曲”；若是因为继承父祖的遗产或沾父祖的光而成显贵，在乡亲面前耍威风，那更是可羞又可怜。尤其可贵的是，袁采批评了一些势利人的做法。这些人“不能一概礼待乡曲，而因人之富贵贫贱，设为高下等级。见有资财有官职者，则礼恭而心敬，资财愈多，官职愈高，则恭敬又加焉。至视贫者贱者，则礼傲而心慢，曾不少顾恤。殊不知彼之富

贵，非吾之荣；彼之贫贱，非我之辱，何用高下分别如此”。

处己（四）

【原文】

人之智识固有高下，又有高下殊绝者。高之见下，如登高望远，无不尽见；下之视高，如在墙外欲窥墙里。若高下相去差近，犹可与语；若相去远甚，不如勿告，徒费口颊尔。譬如弈棋，若高低止较三五著，尚可对弈，国手与未识筹局之人对弈，果何如哉？

【译文】

人的智力及知识水平本来就有高低之分，还有相差很远的人。如果两个人的水平相差太大，那么，智力及知识水平高的人看待水平低的人，就好像登高望远，一览无余；而智力及知识水平低的人看水平高的人，就好像站在墙外想往墙内看一样，无法看清。如果两人水平相差无几，那么还可以相互交流；如果两人水平相差甚远，那么，水平高的人就不必去理水平低的人了，因为即使交流也是白费话语。这就好像下棋一样，双方水平差不多，还可以对弈，如果是一个国手与一个棋盲对弈，其结局又会是什么样呢？

【原文】

富贵乃命分偶然，岂宜以此骄傲乡曲！若本自贫窭，身致富厚，本自寒素，身致通显，此虽人之所谓贤，亦不可以此取尤于乡曲。若因父祖之遗资而坐享肥浓，因父祖之保任而驯致通显，此何以异于常人！其间有欲以此骄傲乡曲，不亦羞而可怜哉！

【译文】

富贵是命中偶然发生的事，怎么能因此而在家乡炫耀！如果本来很贫穷，后来经过苦心经营而发财致富；本来是一个平民，经过自身努力而身居高位了，这种人虽然被人称为有才能，但也不能因此而在家乡过于招摇。如果是凭借着祖先的遗产过上富足生活的人，倚靠祖辈、父辈的保举而获取高官的人，他们与常人又有什么区别呢？他们之中居然还有人想在家乡人面前骄纵，这种炫耀不仅是可耻，而且更是可怜！

【原文】

世有无知之人，不能一概礼待乡曲，而因人之富贵贫贱设为高下等级。见有资财有官职者则礼恭而心敬。资财愈多，官职愈高，则恭敬又加焉。至视贫者贱者，则礼傲而心慢，曾不少顾恤。殊不知彼之富贵，非吾之荣，彼之贫贱，非我之辱，何用高下分别如此！长厚有识君子必不然也。

【译文】

社会中有一些无知的人，他们对父老乡亲不能一概以礼相待，而是因人而异，以富贵贫贱为标准来划分出高下等级。他们对有钱有势的人总是恭敬有礼，而且钱财越多，官职越高，他们就越发恭敬。而当看到贫穷的平民百姓时，就非常傲慢而毫无礼貌可言。他们很少去关照、周济那些贫贱的人。殊不知，他人的富贵不是我的荣耀，他人的贫贱也不是我的耻辱，为什么要用不一样的标准来对待别人？德高望重有真才实学的人一定不会这样做。

【原文】

操履与升沉自是两途。不可谓操履之正，自宜荣贵；操履不正，自宜困厄。若如此，则孔、颜应为宰辅，而古今宰辅达官，不复小人矣。盖操履自是吾人当行之事，不可以此责效于外物。责效不效，则操履必怠，而所守或变，遂为小人之归矣。今世间多有愚蠢而享富厚，智慧而居贫寒者，皆自有一定之分，不可致诘。若知此理，安而处之，岂不省事。

【译文】

品德的好坏与官职的高低，这二者之间没有必然的关联。不能说品行端正，自然就能得到荣华富贵；也不能说品行不端，就一定会遭受厄运。如果真是这样，那么,孔子、颜回等人就应该当上了宰相，而事实上，古往今来的宰相和达官中有不少人就是小人。提高自己的修养自然是我们所应该做的事，不能因此而带有什么功利目的。否则，一旦没有达到预期的目的，就必然会放松了在品德方面的修养，原本奉行的信念有所改变，就会沦为小人行列。如今，世间有很多愚蠢的人在享受着富贵，而聪明的人却很贫寒，这都是命中注定的，不必深究。如果明白这个道理，泰然处之，岂不少些烦恼!

家训启迪

俗话说“害人之心不可有，防人之心不可无。”但是，如果“防人之心”不能适度，也会得到相反的效果。

待人接物，不可怀有慢心、伪心、妒心、疑心，否则会导致别人轻视自己。刘邦和项羽在用人方面不同的处理方式就说明了这个道理。一个有创业雄心的人，必须要做到：“用人不疑，疑人不用。”因为凡事“疑神疑鬼”，对他人充满了怀疑是很难得到别人真心辅佐的，所谓“得道多助，失道寡助”，如果得不到别人的真诚拥戴，那么成就大业就根本无从谈起！与其说项羽是因为疑心而失江东，不如说他是因为疑心而失去了人心。

现今社会，尔虞我诈、钩心斗角已经不足为奇了，尤其是各种社会骗术不断的出现在我们身边，让我们防不胜防。那么我们是不是就可以因为欺骗的存在而失去对他人的信任呢？最近新闻经常在报道“老人摔倒扶不扶”的实例，不乏有好人好事却遭人诬陷而伤了“雷锋精神”的心，但同时也有更多的好人站出来说“下次还会这样做。”不仅让我们扪心自问：如果是我，我会怎样？今天，通过康熙皇帝教导子女的训言，我们不难找到答案：为君子，就不应该存在高傲、妒忌、多疑等不良的品格。只有这样，才能让我们向“君子”靠得更近。

另外，无论你是白手起家而后发达，还是家中本来就有权有钱，都不能以炫耀招摇的姿态示人，这样做不仅不会赢得他人的仰慕和尊重，反倒会招致他人的嘲笑和轻视。

故事品读

项羽疑心失江东

秦朝末年，自陈胜、吴广揭竿起义以来，便开始了一个群雄争霸天下的局面。乱世出枭雄，这个时候，涌现出一大批以刘邦、项羽为首的杰出人才，其中，更有诸多有名的谋士辅臣，陈平就是其中的一个。

陈平，阳武县户牖乡人，自幼聪明好学，而且有远大的志向。自陈胜起义后，天下大乱，他认为机会来临，于是前去投奔魏王咎，被任命为太仆，替魏王执掌乘舆和马政。他想在魏国做出一番成绩，谁知多次献策都没有被魏咎所采纳，并且经常遭人诋毁。他最终认识到魏咎不是一个能成就大业之人，所以，连夜出走，投到项羽麾下，在项羽的手下，他的才华才得到彰显。他参加了著名的巨鹿之战，跟随项羽进入关中，击败秦军。立下了大功，项羽加封他一级爵位，但是陈平知道，这些都是徒具虚名，因为根本就没有实际的权力。

楚汉战争爆发时期，殷王司马印背楚降汉，项羽一怒之下，拜陈平为信武君，率一路大军进击殷王，收降司马印。陈平不负厚望，很快收复殷地及司马印，项羽大喜，封陈平为都尉。

但是，没过多久，刘邦又率部攻占了殷地，司马印再次被迫投降。项羽恼羞成怒，把对司马印的怒气全部迁移到陈平身上，扬言要将参加收复殷地的全体将士一律斩首。一方面陈平害怕被杀，另一方面也看出项羽缺乏成就霸业的胸怀，于是，便将项羽赐予的黄金和官印派人送还，而后，背着简单的行装抄小路再次逃走了。

通过魏元知的引荐，陈平见到了刘邦。刘邦对他的韬略及功绩早有耳闻，于是，封他为都尉，主管监督联络各部将事宜。陈平对此感激不尽。但此事一传出，刘邦手下的将领便议论纷纷。

他们推举出周勃、灌婴晋见刘邦说：“大家虽然对陈平的功绩有所耳闻，但有谁知道事实到底是怎样的呢？而且我们听说他在家时就德行不佳，与嫂子通奸，并且，行事反复无常，不能在魏国容身而投奔楚王。归顺楚王仍然不行，现如今又来投靠大王您，看您重用他，他就利用职权，大胆接受将领的贿赂。这样的人，大王为什么会重用他呢？”

有道是众口铄金，刘邦怎么可能不受这些流言蜚语的影响。所以，也开始对陈平产生怀疑，于是，就把推荐人魏元知叫来训斥了一番。但是，魏元知凭着自己对陈平的了解，对刘邦说：“臣给您举荐的是有才能的人，而陛下所问的都是有关品行方面的事情。得天下靠的是才能，所以，我给您推荐了奇谋之士。”

刘邦本身就非常宽宏大量，并且求贤若渴，听魏元知这么一说，也觉得不无道理，便赐给他酒食，让他吃完回去休息了。

刘邦正准备休息时，陈平来见，说：“大王，我有要事对您说，这件事不能挨过今天。”刘邦听他这么一说，就让他坐下来，陈平没有直接说出他的计谋，而是和刘邦谈论天下大事，到两人谈得非常投机之时，陈平才说：“项王身边有几个刚直不阿的臣子，像范增、钟离昧、龙且、周殷等人。如果大王肯用几万金，行使反间计，离间这几个人与项王的关系。项王生性多疑，容易听信谗言，这样，必定会引起内讧，从而导致军心涣散，我们就趁此机会进攻。”刘邦听了陈平的分析连连点头表示赞同，于是，就在当晚便拿出重金交给陈平，让他细心安排此事。

第二天，陈平就着手安排，一方面他派间谍前往楚国，另一方面用重金在楚国收买了楚军中的将士，让他们到处散布谣言：“范增、钟离昧等人战功显著，却没有裂土封王。因此，他们有意同汉军结盟，消灭项王，将楚地瓜分后各自为王。”

项羽听了这样的谣言果然心生不安，立刻派使者到汉军去刺探情况。陈平马上让侍者准备了上等的好酒好菜，自己亲自端去，可谁知一见是楚使便吃惊地说：“我还以为是亚父（范增）的使者呢！”说着，端着酒菜径直走了，过了一会儿，让侍者端上一份制作粗劣的食物。楚使非常气愤，立即回去将情况如实禀报给项羽，“事实”摆在眼前，项羽怎么可能不相信，于是开始怀疑范增。所以，在范增建议项羽迅速攻下荥阳城时，他就是不同意这样做，范增一气之下说：“大王，既然现在天下大事大体定局，以后就您自己干吧！请赐我这把老骨头，退归乡里吧！”谁知，项羽竟然毫不犹豫便答应了范增的请求，在回家途中，范增因病猝然而死。

项羽失去范增等大臣后，实力大减。最终，在垓下一役被刘邦彻底击败，最后落得个自刎乌江的悲惨下场。

拓展阅读

【原文】

夫物，速成则疾亡，晚就则善终。朝华之草，夕而零落；松柏之茂，隆寒不衰。是以大雅君子，恶速成，戒阙党也。若范匄对秦客，至武子击之，折其委笄，恶其掩人也。夫人有善，鲜不自伐；有能者，寡不自矜。伐则掩人，矜则陵人。掩人者，人亦掩之；陵人者，人亦陵之。故三郤为戮于晋，王叔负罪于周，不惟矜善自伐好争之咎乎？故君子不自称，非以让人，恶其盖人也。夫能屈以为伸，让以为得，弱以为强，鲜不遂矣。夫毁誉，爱恶之原，而祸福之机也，是以圣人慎之。

——《三国志·王昶传》

【译文】

大凡物什，成熟得早，死亡得也快；反之，成熟得晚，结局就好。早晨开花的草，傍晚就凋零衰败；松柏的茂盛，在严寒中也不衰落。所以，有高尚德行的人，不希望早熟，不希望像阙党童子那样急于求成和浮躁轻率。如范文子在朝廷上对秦国使臣夸耀自己，受到父亲范武子的敲打，甚至打落了他礼帽上的簪子，教训他掩盖了别人的才能。一个人有长处，很少能够做到不自我夸耀的；有才能，很少有不骄狂的。夸耀自己，就掩盖了别人的长处；骄狂就侵害了别人的自尊心。掩盖别人长处的人，别人就要打击他；欺凌别人的人，就要受到别人的围攻。所以郤犨、郤至、郤锜被晋厉公杀死，而王叔陈生就向周王请罪，这不就是由骄狂、自夸、好胜引发的错误吗？所以，有德行的人不自我夸耀，这并不是对别人表示谦让，而是不喜欢掩盖别人的长处和才能。如果能够以屈为伸，以让为得，以弱为强，这样很少有不成功的。毁谤和荣誉，是产生好感和恶感的根源，也是导致祸与福的关键，所以圣人对此十分慎重。

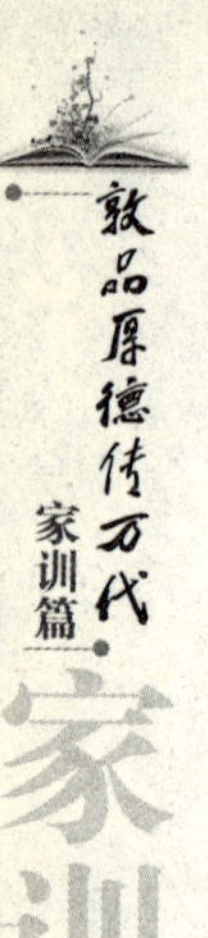

世事人生，多不如意

人生在世，不如意之事十之八九。袁采在他的《处己》篇中提到“世事多更变，乃天理如此。”“年高享富贵之人，必须少壮之时尝尽艰难。”对于世事的变换，沧海桑田的更替，我们又该如何面对呢？他认为人们要想成功，一定是经历了千辛万苦，才能永无后患。明白了这个道理，人们就能更好地面对人生的不如意之事了。

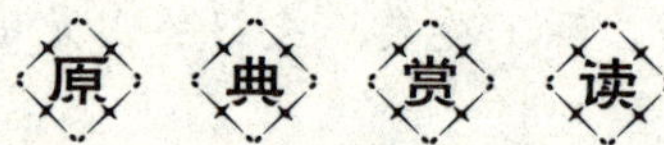

处己（五）

【原文】

世事多更变，乃天理如此。今世人往往见目前稍稍荣盛，以为此生无足虑，不旋踵而破坏者多矣。大抵天序十年一换甲，则世事一变。今不须广论久远，只以乡曲十年前、二十年前比论目前，其成败兴衰何尝有定势！世人无远识，凡见他人兴进及有如意事则怀妒，见他人衰退及有不如意事则讥笑。同居及同乡人最多此患。若知事无定势，则自虑之不暇，何暇妒人笑人哉！

【译文】

世间的事情变化莫测，这是自然规律。现在，好多人往往看到眼前的事业稍有兴盛，就以为此生再没有值得忧虑的事了，可是，接踵而来的却是事业的失败，这种情况很多。大概天干十年一换，世上的事情也随之一变。当下不必说得太远，只把家乡十年前、二十年前的事情与眼前的情况相比较，就会发现，成败兴衰哪里有不变的呢？世上有些人没有远见胆识，一看到别人事业兴旺、称心如意，就心生嫉妒；看到别人事业受挫折、不顺心时，便讥笑人家。同家族和同乡之中，犯这种毛病的人很多。如果明白凡事没有固定不变的道理，那么，为自己的未来担忧恐怕还来不及呢，又哪里有时间去嫉妒别人呀！

【原文】

应高年享富贵之人，必须少壮之时尝尽艰难，受尽辛苦，不曾有自少壮享富贵安逸至老者。早年登科及早年受奏补之人，必于中年龃龉不如意，却于暮年方得荣达。或仕宦无龃龉，必其生事窘薄，忧饥寒，虑婚嫁。若早年宦达，不历艰难辛苦，及承父祖生事之厚，更无不如意者，多不获高寿。造物乘除之理，类多如此。其间亦有始终享富贵者，乃是有大福之人，亦千万人中间有之，非可常也。今人往往机心巧谋，皆欲不受辛苦，即享富贵至终身，盖不知此理。而又非理计较，欲其子孙自少小安然享大富贵，尤其蔽惑也，终于人力不能胜天。

【译文】

如果想要老年享受富贵的人，必须在年轻时历尽艰难险阻，没有人能从年轻时直到年老一直享受富贵安逸的生活的。早年科举及第以及早年就在朝中为官的人，到了中年之时仕途必定会不顺畅，只是到了晚年才能获得荣贵显达。有的为官之人，虽然在官场上没有什么不如意之事，可是家中却生活窘迫，常常要为吃穿发愁，为儿女的婚事担忧。如果早年官运亨通，没有品尝过生活的艰辛，又继承了父祖的一笔丰厚的遗产，更没有遇到过任何不如意的事，这种人大多不会长寿。造物主对人的命运安排大多如此。在生活中也有一些自始至终享受富贵的人，这是有大福的人，这种大福之人在千万人中才有一个，实在是极其特殊的。现在的人往往都是机关算尽，幻想不经历劳苦就能永远享受荣华富贵，这是因为他们不懂得这个道理。而且还要毫无道理地算计着，想让其子孙从小就能享受大富大贵的生活，这就更无知了，其最终结果还是人力不能胜过天命。

【原文】

人生世间，自有知识以来，即有忧患不如意事。小儿叫号，皆其意有不平。自幼至少至壮至老，如意之事常少，不如意之事常多。虽大富贵之人，天下之所仰羡以为神仙，而其不如意处，各自有之，与贫贱人无异，特所忧虑之事异尔。故谓之缺陷世界，以人生世间，无足心满意者。能达此理而顺受之，则可少安。

【译文】

人生在世间，自从有了知识，就有了忧患和不如意的事。小孩子的哭叫，都是因为某些事没有满足而致。一个人从幼年到少年再到壮年，最后到老年，如意的事常常很少，而不如意的事却常常很多。即使大富大贵之人，虽天下人都敬慕他，认为他过的是神仙一样的日子，但是，这种人也各有各的烦恼，与贫穷的平民百姓没有什么两样，只是二者所忧虑的内容有所不同罢了。所以我们把这个世界称为缺陷世界，人生不可能一切都能让人满意。能明白这个道理而能顺乎自然的人，就可以得到一些安慰。

【原文】

凡人谋事，虽日用至微者，亦须龃龉而难成。或几成而败，既败而复成，然后其成也，永久平宁，无复后患。若偶然易成，后必有不如意者。造物微机不可测度如此，静思之则见此理，可以宽怀。

【译文】

大概人们要干一件事，哪怕是日常生活中的小事，也必须是经受一些磨难还未必成功。或者快成功时又失败了，失败之后又再成功。只有这样获得的成功，才能真正永无后患。相反，如果靠偶然的机会轻而易举地获得成功，日后一定有不如意的事发生。大千世界，事物发展变化就是这样深不可测。静心思考一下，便能明白这个道理，对于事情的成功和失败也就可以想明白了。

家训启迪

人的一生中要走过数十个春夏秋冬，要经历无数次风霜雪雨。在每一次挫折面前，我们选择了不同的方式去对待。康熙皇帝告诫他的子女，人生之事，多有不如意，要用平和的心态去面对。“不以物喜，不以己悲。”大概说的就是这个道理。

故事品读

宽容可以解脱自己

一个人 20 多岁时被人陷害，在牢房里待了 10 年。后来冤案告破，他终于走出了监狱。出狱后，他开始了几年如一日的反复控诉、咒骂：“我真不幸，在最年轻有为的时候遭受冤屈，在监狱度过本应最美好的一段时光。那样的监狱简直不是人居住的地方，狭窄得连转身都困难。唯一的细小窗口几乎看不到阳光，冬天寒冷难忍，夏天蚊虫叮咬……真不明白，上帝为什么不惩罚那个陷害我的家伙，即使将他千刀万剐，也难以解我心头之恨啊！”

75 岁那年，在贫病交加中，他终于卧床不起。弥留之际，大师来到他的床边：“可怜的孩子，去天堂之前，忏悔你在人世间的一切罪恶吧！”

大师的话音刚落，病床上的他立马声嘶力竭地叫喊起来：“我没有什么需要忏悔，我需要的是诅咒，诅咒那些施予我不幸命运的人。”

大师问：“你因受冤屈在监狱待了多少年？离开监狱后又生活了多少年？”他恶狠狠地将数字告诉了大师。

大师长叹了一口气，说：“可怜的人，你真是世上最不幸的人，对你的不幸，我真的感到万分同情和悲痛！他人囚禁了你区区 10 年，而当你走出监牢本应获取自由的时候，你却用心底里的仇恨、抱怨、诅咒囚禁了自己将近 50 年！”

记恨的心理对人们的不良情绪起了不可低估的作用。今天记恨这个，明天记恨那个，结果朋友越来越少，对立者越来越多，严重影响人际关系和社会交往，最后使自己沦为“孤家寡人”。

包容别人，受益的是自己。无论在学习和生活中遇到何种不顺利的事情，你都可以在举止之间，显示出包容、仁爱的心态，你将因此受用一生。一些因为被伤害而不能原谅他人的人，总会生活在无边的痛苦中。

拓展阅读

【原文】

世欺不识字，我忝攻文笔。世欺不得官，我忝居班秩。人老多病苦，我今幸无疾。人老多忧累，我今婚嫁毕。心安不移转，身泰无牵率。所以十年来，形神闲且逸。况当垂老岁，所要无多物。一裘暖过冬，一饭饱终日。勿言宅舍小，不过寝一室。何用鞍马多，不能骑两匹。如我优幸身，人中十有七。如我知足心，人中百无一。傍观愚也见，当己贤多失。不敢论他人，狂言示诸侄。

——白居易《白香山集·狂言示诸侄》

【译文】

世人总是欺侮不识字的人，所以我更加努力地学习。世上总是欺侮没做官的人，所以我努力地跻身于官场。人老之后常常是病痛伴随，我现在幸好无病。人老之后常常是忧虑伴随，我现在办完了儿女的婚嫁大事。我心里安静无憾，身体健康没有牵挂。所以十多年来，我的身体和灵魂都很闲适安逸。况且人一年比一年衰老，需要的东西不多了。过冬有一件保暖的裘皮衣，每天有一餐饱饭。不要说住宅小了，只要一间睡房就够了。要那么多的马干什么，又不能同时骑两匹马。像我这样优越幸福的人，十人中有七个，但像我一样知足的人，一百人中没有一个。旁观者即使愚蠢也看得清楚，但事情临到自己头上，即使贤人也会有过失。我不敢随便评论别人，只是对你们这些侄儿口出狂言而已。

尺有所短，寸有所长

袁采的《处己》篇中指出：每个人的品性都是不同的，每个人都有自己的长处和短处。那么该怎样对待朋友的长处和短处呢？袁采认为不能只盯着别人的短处，这样的话就难以与人相处了。现在的我们何尝不是面临着同样的问题。繁忙的工作和生活中，我们对待身边的同学、同事、朋友以及家人，尤其是身边最近的人，往往缺乏包容，失去耐心，所以，我们要经常反思自己，多想想对方的优点，才能和大家友好相处。

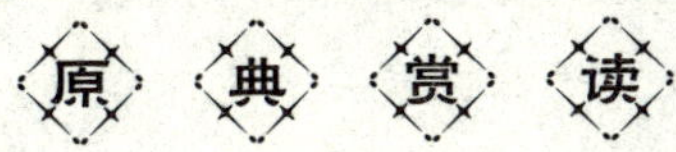

处己（六）

【原文】

人之德性，出于天资者，各有所偏。君子知其有所偏，故以其所习为而补之，则为全德之人。常人不自知其偏，以其所偏而直情径行，故多失。《书》言九德，所谓宽、柔、愿、乱、扰、直、简、刚、强者，天资也；所谓栗、立、恭、敬、毅、温、廉、塞、义者，习为也。此圣贤之所以为圣贤也。后世有以性急而佩韦，性缓而佩弦者，亦近此类。虽然，己之所谓偏者，苦不自觉，须询之他人乃知。

【译文】

人的品性是天生的，而且各有不足之处。有学问、修养的人了解自己的不足之处，因而用加强学习的办法来弥补它，于是就变成了一个具有完美品德的人。普通的人不仅不知道自己的不足之处，反而被这种不足支配着去为所欲为，以致造成许多失误。《尚书》中说的九德，是指“宽、柔、愿、乱、扰、直、简、刚、强”，这些都是天生的；而“栗、立、恭、敬、毅、温、廉、塞、义”，这些都是通过后天学习而养成的。这就是圣贤之所以成为圣贤的原因。后世有一些性急的人就佩带韦皮，性子慢的人就佩带丝弦，也就是这个原因。即使这样，自己的不足之处，苦于自己无法知道，就必须向别人请教才会知道自己做错了什么。

【原文】

人之性行，虽有所短，必有所长。与人交游，若常见其短而不见其长，则时日不可同处；若常念其长，而不顾其短，虽终身与之交游可也。

【译文】

人的品行虽然有不足，但是他也必然有长处。与人交往，如果只看别人的短处而无视别人的长处，那么，就一刻也难以与人相处；反之，如果能常想着别人的长处，而不去计较别人的短处，哪怕一生与他交往都是可以的。

家训启迪

每个人都是独一无二的个体，每个人都有着和别人不同的独特本性。所以谦虚地向他人学习是促使我们不断成长和进步的难能可贵的品质。

不论是对个人还是对企业，谦虚都是获得发展的重要因素之一。不懂得谦虚的人或企业在发展的道路上会受到很多限制，过分骄傲的话还可能会走向失败或灭亡。因为，不懂得谦虚的人也不懂得向他人学习，而不懂得向他人学习的人无法进步与成长。要想在激烈的竞争中获胜，没有什么比虚心学习别人的长处更重要的了。

人们常说学无止境，我们不仅要持之以恒不断地学习，同时还要擅长向他人学习。

故事品读

太守与樵夫

宋代大文学家欧阳修，有一篇著名的散文《醉翁亭记》，在这篇优美的文章后面，还有一段“太守与樵夫”的故事。

欧阳修当上滁州太守后，闲暇的时间比较多，常与属下或文友游山赏水、饮酒作诗，寄逸情于山水之间。好诗文也就这样源源不断地被写出来了。

一日，欧阳修又与众人游了滁州的琅琊山，在醉翁亭喝得大醉，回来后作了一篇文章，就是那篇《醉翁亭记》。文章写好后，欧阳修非常喜爱，认为这是自己文章中一篇难得的佳作，于是想再仔细修改一下，使它更完美。可改来改去，只改了一些个别的字词，没什么大的变动。欧阳修明白，这既是由于自己太喜欢这篇文章的缘故，也是由于受到自己见识有局限的缘故。要想把它改得更好，使人人都能接受、喜欢，看来非得借他人之手了。想到这儿，他突然有了一个好主意，赶紧找来笔墨纸张，开始一字一字地抄录自己的文章，他用六张大纸抄录了六份，然后呼唤衙役进来，吩咐：“请你们把这六张纸贴到六个城门去。”两个衙役一听，以为又是什么公文布告之类，接过来就走了。不一会儿，两人又气喘吁吁地回来了，报告说：“太守大人，您怎么把您的文章当布告交给我们了？我们差一点儿贴出去。”欧阳修说：“贴出去就贴出去嘛！我让你们贴的就是我的文章啊！”两个衙役更糊涂了，你看我，我看你，谁也不动。欧阳修见二人这副样子，乐了，就把自己的打算讲给他们听了。

两个衙役一听，这才明白过来，高高兴兴地拿着文章到各城门张贴去了。

随后，欧阳修又派出六班锣鼓手，分别到各个城门口儿，一边鸣锣击鼓，一边高喊：“滁州太守欧阳修大人，昨日著文《醉翁亭记》，敬请黎民百姓、过往商贾、文武百官都来过目修改，能令文章更美的人，太守必有重谢。”

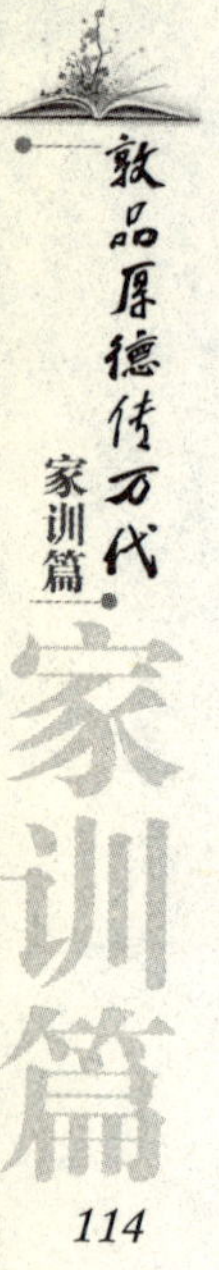

这一天，滁州城里可热闹了，四道大城门两道小城门，都有值班的锣鼓手，只听得锣鼓喧天，喊声不绝，城里城外的人们，都争着去城门口看太守写的文章，更有叽叽喳喳来凑热闹的小孩子，滁州连过节都没今天热闹！

文章前面，有专人高声朗读，不识字的人也可以围在四周听一听，人们边看边听边议论。有的说："这篇文章写得真好，文辞优美流畅，写得又实实在在，一看就懂。"有的说："太守写文章，让老百姓给他修改，这真是古今少有的新鲜事儿！"还有的说："太守大人那是本朝大文豪，他的文章，谁还能改动半个字？"一时间议论纷纷，都觉得文章好，事情奇，改不易。

欧阳修这一天也特别兴奋，一个人坐在屋子里，不停地差人去各个城门打听，看有没有人可以修改文章，但始终没有好消息，等得他坐立不安。慢慢地，衙役和锣鼓手们都有些累了，也没了早晨时的新鲜劲儿，只有欧阳修自己还在充满希望地等待着。有道是"功夫不负有心人"，到了傍晚时分，还真有一个衙役领着一个山村老头儿走进府衙，向欧阳修报告说："太守大人，有一位琅琊山的老人，愿意为大人修改文章。"

欧阳修放下手中的闲书，抬头一看，只见那老人头扎粗纱黄巾，脚穿布袜草鞋，肩膀上扛着一根挂着绳子的扁担，右手里还拿着一把锋利的大斧头，原来是个山中的樵夫。府衙内的衙役们原以为敢来修改文章的肯定是个饱学的儒雅之士，现在看到来的竟是个樵夫，都怀疑这个老头儿是老昏了头，砍柴的哪能改得了太守的文章呢？所以，一班衙役们都斜着眼睛看着老头儿，等着欧阳修发落。

欧阳修似乎并不意外，面露喜色，急急忙忙跑下堂来，一把拉住老头儿的手，欢迎他的到来，吩咐手下上好茶待客。欧阳修客气地问老人："请问老丈，您今年多大岁数了？"

樵夫看着太守，不好意思地回答："大人，小的白活59岁了！"

"啊！那么您是兄长了，快请上坐！"说着欧阳修就把老樵夫扶到太师椅上坐好，说："烦请指教，下官那篇文章何处需要修改？"

樵夫这才放下手中的斧头，情绪平静下来了，直截了当地告诉欧阳修："太守大人，不瞒您说，您的那篇大作我已经听衙役们读了，写得不错，句句也都是实情，就是有一个毛病——开头太啰唆了！"

欧阳修赶忙问：“依您之见，怎么修改好呢？”

樵夫一时语塞，说：“开头的几句我忘了，请大人再给我读一遍，怎么样？”

旁边的衙役听到这话，鼻子都气歪了，心想这老头儿简直是个白痴，开头几句都记不住，还改什么改？欧阳修却不急不恼，和颜悦色地请老樵夫听着，随即把自己写的文章，从头背诵起来：“滁州四面皆山也，东有乌龙山，西有大丰山，南有花山，北有白米山，其西南诸峰，林壑尤美……”他正背着，老樵夫突然把大手一扬，说：“停！大人，小的觉得毛病就在这里！”

欧阳修才思敏捷、聪明过人，听老头儿这么一说，恍然大悟：“您的意思是不是不必点出这些山的名字？”

樵夫笑着说：“正是这个意思，不知太守上过这琅琊山的南天门没有？那是群山当中最高的一处，往南天门一站，什么乌龙山、大丰山、花山、白米山，只要把身子一转，就全看到了，东南西北都是山，谁还理会它们是什么山呢？您说是不是这样？”

欧阳修听了老头儿的一席话，大声说道：“言之有理！言之有理！滁州四面皆山。”老樵夫连连点头：“正是，正是，滁州四面皆山，四面皆山啊！”

再看欧阳修，已陷入沉思，片刻之后，立即拿出文章底稿，将开头提笔改成“环滁皆山也，其西南诸峰，林壑尤美……”改完之后，又读给老樵夫听，樵夫满意地说：“‘环滁皆山也’这五个字好，这回开头不啰唆了！不啰唆了！”说完拎起斧头要走，欧阳修赶忙拦住，一定要留老人吃顿饭再走，以表示敬意与谢意。

当晚，欧阳修在他的官邸设宴，招待老樵夫，亲自为老人斟酒，十分尊敬这位给自己修改了文章的老人。樵夫临走时，欧阳修又问他有什么要求，樵夫想了想，告诉他：“小的不要别的，只要世人难求的‘欧文苏字’一份。”欧阳修欣然应允，让老人放心。

没过十天，欧阳修就准备好了一份“欧文苏字”，坐着轿子来到了琅琊山下，在一个破草屋子里拜会了老樵夫，送上了老樵夫要的“欧文苏字”。这“欧文苏字”是指欧阳修的文章，苏轼的书法，这两件都是世人难求的珍品，如果能将它们汇于一件之中，那更是难得，但欧阳修尊敬老人，感谢他

帮助自己修改文章，没有因为他是个山野樵夫就违背诺言，这次送上的就是一幅苏东坡亲自抄写的《醉翁亭记》。

后来，欧阳修离开了滁州，做了江都太守，还专门请这位老樵夫到江都的“平山堂”喝过几次酒呢！

欧阳修身为太守，却谦虚礼貌，尊敬老人，终于留下了一篇几乎完美无瑕的散文。“太守与樵夫”的故事，也与这篇美文一同流传下来，成为文坛的佳话。

拓展阅读

【原文】

轮、辐、盖、轸，皆有职乎车，而轼独若无所为者。虽然，去轼，则吾未见其为完车也。轼乎，吾惧汝之不外饰也。

天下之车莫不由辙，而言车之功者，辙不与焉。虽然，车仆马毙，而患亦不及辙。是辙者，善处乎祸福之间也。辙乎，吾知免矣！

——《嘉祐集·名二子说》

【译文】

车轮、车辐、车盖、车轸，对车都有重要功能，设在车前供人凭倚的轼好像没有什么用处。虽然去掉轼，我们看见的车子将不是一部完整的车子。（苏）轼啊，我就怕你不讲究外在的装饰啊！

天下的车子没有不顺着车辙向前的，但是讲到车子的功劳时，没有辙的份。虽然这样，但车翻马死，其灾祸也不会波及辙。看来这个辙，在祸福之间很善于自处啊。（苏）辙啊，我懂得避免祸患的道理了。

忠信笃敬，人贵有之

袁采认为，忠信笃敬、公平正直是做人最重要的品德，是最重要的“取重于乡曲之术”。对忠信笃敬、公平正直这一做人的重要准则，自己应该首先做到，然后才能要求别人做到。他认为，人不能无过，但有过必能思改。同时要宽厚为怀，以直报怨，不要计较人情的厚薄。在社会交往方面，袁采的看法也是很有道理的。他要求子弟近君子而远小人，但不赞成有的人家为防子弟从事“酒色博弈之事”而“绝其交游”的做法。这种积极疏导而不是消极防备的方法，可以不断增强年幼子弟对不良行为的抵抗能力，在今天看来是符合教育学、心理学的科学原理的。处事无愧心，悔心必为善。也是袁采对道德修养的最高境界的见解。

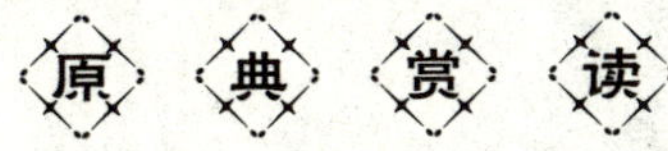

处己（七）

【原文】

言忠信，行笃敬，乃圣人教人取重于乡曲之术。盖财物交加，不损人而益己，患难之际，不妨人而利己，所谓忠也。有所许诺，纤毫必偿，有所期约，时刻不易，所谓信也。处事近厚，处心诚实，所谓笃也。礼貌卑下，言辞谦恭，所谓敬也。若能行此，非惟取重于乡曲，则亦无人而不自得。然“敬”之一事，于己无损，世人颇能行之。而矫饰假伪，其中心则轻薄，是能敬而不能笃者，君子指为谀佞，乡人久亦不归重也。

【译文】

言论必须讲究忠信，行为要奉行恭敬的原则，这是圣人教导人们获取乡亲尊敬的方法。发家致富，以不损人利己为前提，患

难之时，以不妨碍别人而利己为基准，这就是人们所说的“忠”。一旦许诺，哪怕是极小的事，也一定要实现；一旦有约，一刻都不改变，这就是人们所说的“信”。待人接物要宽厚诚实，这就是人们所说的“笃”。对地位低下的人能以礼相待，言辞谦恭，这就是人们所说的“敬”。如果能够这样做，不仅能获得乡亲们的尊敬，而且能够诸事皆顺。然而，恭敬一事，因为于己无损，世人都能做到。只是有些人不能表里如一，表面上待人很好，而心中却并非如此，这就是能敬而不能笃，君子把这种人称为小人。久而久之，乡亲们就不再尊敬他了。

【原文】

忠、信、笃、敬，先存其在己者，然后望其在人。如在己者未尽而以责人，人亦以此责我矣。今世之人，能自省其忠、信、笃、敬者盖寡，能责人以忠、信、笃、敬者皆然也。虽然，在我者既尽，在人者亦不必深责。今有人能尽其在我者固善矣，乃欲责人之似己，一或不满吾意，则疾之已甚，亦非有容德者，只益贻怨于人耳！

【译文】

忠诚、信实、厚道、尊敬的品格先要自己养成，然后才能要求别人。如果自己还没有做到这一点，就以此来要求别人，而别人也会以此来要求你。现在能自我反省是否做到了忠诚、信实、厚道、尊敬的人是很少的，而以忠诚、信实、厚道、尊敬来要求别人的人却很多。即便这样，像我自己做到了忠诚、信实、厚道、尊敬等的品质，也不必要求别人也能尽数做到。现在有人能够自己做到忠诚、信实、厚道、尊敬，这固然是一件好事，但因此而要求别人也像自己一样做到这一点，稍不合自己心意就心生痛恨，这种人缺少容人之德，很容易与人结仇。

【原文】

今人有为不善之事，幸其人之不见不闻，安然自肆，无所畏忌。殊不知，人之耳目可掩，神之聪明不可掩。凡吾之处事，心以为可，心以为是，人虽不知，神已知之矣。吾之处事，心以为不可，心以为非，人虽不知，神已知之矣。吾心即神，神即祸福，心不可欺，神亦不可欺。《诗》曰：“神之格思，不可度思，矧可射思。”释者以谓“吾心以为神之至也”，尚不可得而窥测，况不信其神之在左右，而以厌射之心处之，则亦何所不至哉！

【译文】

现在有人去干坏事，庆幸没有被别人看到，以致心安理得，无所顾忌。殊不知，干坏事虽可掩人耳目，却逃不出神的明察。大凡我们做事时，内心认为是可行并正确的，别人虽然不知道，但神已知道了。我们做事时，内心认为不该做，别人虽然不知道，但神已经知道了。我们的心就是神，神就代表着祸福，内心不能欺骗，神也不能欺骗。《诗经》上说：“神的到来是不可测度的，怎么可以厌恶呢？”佛教徒认为“我的心感觉到神的到来”，尚且不能探测，更何况有的人不相信神在自己身边，而以厌恶之心对待，那么，还有什么事做不出来的呢？

家训启迪

口言忠信而力行笃敬，是圣人教导人们博取乡邻敬重的诀窍。涉及财物分配时，不损害他人来使自己得利；遇到危难的时候，不妨害他人来保全自己，就叫做“忠”。对别人许下的诺言，再琐细的事也要兑现；与他人约定的时间，一时半刻也不能改变，就叫做“信”。

处理事物时严肃认真，心怀诚实，就叫做笃。诗人彬彬有礼，语言谦恭谨慎，就叫做敬。如果能做到这几条，不仅能得到乡邻的敬重，而且自身也无时无刻不感到舒畅安闲。不过，尊敬他人这一条由于对自己无损，一般人都能做到，而有的人矫揉造作，虚情假意，外表看似恭敬，骨子里实际上轻浮浅薄，这种人做到了敬，却没有做到诚笃，君子称这些人为谄谀邪佞之徒，乡邻也永远不会敬重他们。

故事品读

李嘉诚的人生信条

曾有记者问李嘉诚做生意最大的收获是什么时，他说：“那就是诚信，就是不妨把自己看得笨拙一些，而不是投机取巧。”“一个人一旦失信于人一次，别人下次再也不愿意和他交往或发生贸易往来了。别人宁愿去找信用可靠的人，也不愿意再找他，因为他的不守信用可能会生出许多麻烦来。”

李嘉诚在商界以诚信闻名，他说：“一生之中，最重要的是守信。我现在就算再有多 10 倍的资金也不足以应付那么多的生意，而且很多是别人主动找我的，这些都是为人守信的结果。信誉、诚实，是我的第二生命，有时候比自己的第一生命还重要。”

20 世纪 50 年代，李嘉诚做塑胶花时，常去皇后大道中一间公爵行接洽生意。

“我经常看见一个四五十岁很斯文的外省妇人，虽是乞丐，但她从不伸手要钱。我每次都会拿钱给她。有一次，天很冷，我看见人们都快步走过，并不理会她，我便和她交谈，问她会不会卖报纸。她说她有同乡干这行。于是，我便让她带同乡一起来见我，想帮她做这份小生意。时间约在第三天的同一地点。客户偏偏在前一天提出要到我的工厂参观，客户至上，我也没办法。

“于是参观时，我突然说了声‘Excuse me’，便匆匆跑开。客人以为我上洗手间，其实我跑出工厂，飞车跑到约定地点。途中，超速和危险驾驶的事都做了，但好在没有失约。见到那妇人和卖报纸的同乡，问了一些问题后，就把钱交给她。

“她问我姓名，我没有说，只要她答应我要勤奋工作，不要让我看见她在香港任何一处伸手向人要钱。事毕，我又飞车回到工厂，客户正着急：‘为什么在洗手间找不到你？’我笑一笑，这件事就这么过去了。”

对一个陌生人尚能如此守信，对客户能信守承诺也就不稀奇了。1950 年，李嘉诚筹措了 5 万港元，创办了长江塑胶厂，专门生产塑胶玩具和日用品，开始了艰辛地创业之路。他对工人进行简单的培训后，实行三班倒工作制，昼夜不停地生产。李嘉诚对推销轻车熟路，第一批产品很顺利地就卖出去了。接下第二批、第三批、第四批……一时间长江塑胶厂产销两旺，扩张得很快。

春风得意的日子没有持续多久，因为设备落后，工人技能跟不上，导致产品质量出了问题。仓库里堆满因质量欠佳和延误交货退回的玩具成品。办公室里整天出现不断来索赔的客户、追货款的原料商、银行催缴贷款的人。还有一些新客户上门考察生产规模和产品质量，见这情形扭头就走。因为形势恶劣，部分员工面临辞退，遭辞退的人整天在办公室里闹着不走，整个工厂被闹得鸡犬不宁。

长江塑胶厂危机四伏，这时，母亲讲的一个故事启发了李嘉诚：很久以前，潮州府城外的桑埔山有一座寺庙。住持已是垂暮之年，他知道自己时日不多，就把两个弟子召到方丈室，将两袋谷种交给他们，要他们去播种，到谷子成熟的季节再来见他，谁收的谷子多谁就可接任做本庙的住持。到谷熟时，大徒弟挑了一担沉沉的谷子来见师父，而小徒弟却两手空空。住持问小徒弟，他惭愧地说，他没有管好田，谷种没发芽。住持便把袈裟交给小徒弟，指定他为未来的住持。大徒弟不服，师父说，因为我给你俩的谷种都是煮过的，根本发不了芽。

李嘉诚恍然大悟：诚信是为人处世之本，是战胜一切的不二法门。母亲的一番话，让李嘉诚认识到了诚信的重要性。不久，李嘉诚就大力加强工厂的产品质量管理，做到保质保量，按时完成。李嘉诚用他的诚信打动了银行、供货商和员工，形势因此好转，危机成就了商机。李嘉诚从此在商界站稳了脚跟，开创了一个又一个属于他的商业传奇。

拓展阅读

【原文】

夫言行可覆，信之至也；推美引过，德之至也；扬名显亲，孝之至也；兄弟怡怡，宗族欣欣，悌之至也；临财莫过乎让。此五者，立身之本也。

——《晋书·王祥传》

【译文】

言论与行为经受得起审察，这是最诚实的；推让利益反省过失，这是最好的德性；光宗耀祖，这是最大的孝；兄弟欢悦，宗族和睦，这是最大的悌；有好处一定要谦让给别人。这五条，是做人的根本。

第四章

温公家范

司马光在《家范》中详细剖析了父慈子孝、夫妻和睦、兄弟友爱、婆慈媳婉等家庭伦理道德，其中有一些观点对指导现在的人们仍有一定意义。在提倡建设和谐社会、和谐家庭的今天，我们阅读《家范》，可以吸取其中的精华。

【作者简介】

司马光（1019—1086 年），字君实，陕州夏县（今山西夏县）人。宝元进士。仁宗年间，初任地方官，后为京官，任天章阁待制兼知谏院。英宗时，进龙图阁直学士。神宗初，任翰林兼侍读学士。在政治上，他反对王安石变法，神宗任他为枢密副使，他辞归洛阳隐居十五年，潜心撰《资治通鉴》。其所撰《资治通鉴》凡二百九十四卷，是一部重要的中国历史典籍。其《涑水家仪》和《家范》，也对后世有重要影响。著有《司马公文集》等。

《家范》并非司马光偶然所撰。他家家法非常严明。父亲司马池，官任天章阁待制，为人正直清廉，对司马光有深刻的影响。司马光忠信孝友，正直恭俭，居处有规，行动有礼。他真诚待人，自少至老，未尝胡言乱语。儿子司马康，自幼端谨，不妄言笑，为人正直，口不言财，侍奉父母非常孝顺。父亲死后，治丧、祭祀皆用《礼》《经》家法。司马光一家三代之所以名扬青史，与良好的家风与家教是分不开的。

《家范》存世版本较少，文渊阁《四库全书》本即是其一。为便于读者阅读与理解，本稿以《四库全书》本作为底本，对《家范》进行翻译整理。在整理过程中，在保持原书基本内容不变的前提下，进行了适当的节录，书中的卷次也作了一些更改，以便阅读。

司马光在《家范》中详细剖析了父慈子孝、夫妻和睦、兄弟友爱、婆慈媳婉等家庭伦理道德，其中，有一些观点对指导现在的人们仍有一定意义。在提倡建设和谐社会、和谐家庭的今天，我们阅读《家范》，可以吸取其中的精华。

礼为治家之本

人常说“不学礼，无以立”。司马光在《温公家范》中首先就提出“治家莫如礼”。他指出君臣、父子、兄弟、夫妻以及姑妇之间要尊礼。只有大家都互相守礼，家庭才能和睦。下面这段训言就是节选自《温公家范》中治家篇中的选段，我们也可从中学习到“礼”对于治家成俗起着十分重要的作用。

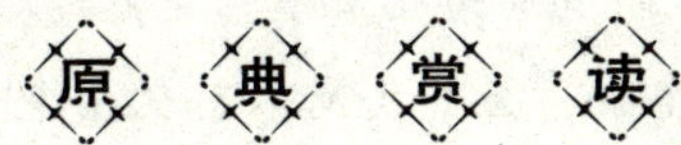

治家（节选）

【原文】

齐晏婴曰：“君令臣共、父慈子孝、兄爱弟敬、夫和妻柔、姑慈妇听，礼也。”君令而不违，臣共而不二，父慈而教，子孝而箴，兄爱而友，弟敬而顺，夫和而义，妻柔而正，姑慈而从，妇听而婉，礼之善物也。

夫治家莫如礼。男女之别，礼之大节也，故治家者必以为先。《礼》：男女不杂坐，不同椸枷，不同巾栉，不亲授；嫂叔不通问，诸母不漱裳；外言不入于阃，内言不出于阃；女子许嫁，缨。非有大故不入其门。姑、姊、妹、女子子，已嫁而反，兄弟弗与同席而坐，弗与同器而食。

男女非有行媒不相知名，非受币不交不亲，故日月以告君，斋戒以告鬼神，为酒食以召乡党僚友，以厚其加别也。

又男女非祭非丧，不相授器。其相授，则女受以篚；其无篚，则皆坐奠之而后取之。外内不共井，不共湢浴，不通寝席，不通乞假。男子入内，不啸不指；夜行以烛，无烛则止。女子出门，必拥蔽其面；夜行以烛，无烛则止。道路，男子由右，女子由左。

又子生七年，男女不同席，不共食。男子十年，出就外傅，居宿于外。女子十年不出。又妇人送迎不出门，见兄弟不逾阈。

【译文】

齐国的晏婴曾说过："君王品德高尚，臣子恭顺忠心，父亲仁爱，儿子孝顺，兄长宽厚，弟弟礼敬，丈夫和气，妻子温柔，婆婆慈祥，妇妾听从，这些都是礼数。"君王品德高尚，出言不变，臣民忠心不变，父亲慈爱善教，儿子孝顺又能尽力规劝，兄长宽厚又能友爱，弟弟恭敬又能顺从，丈夫和气又仁义，妻子温柔而又端庄，婆婆慈祥而又通达，妇妾听话而又婉约，这些都是讲究礼教的好事。

治家第一就是重视礼节。男女之间有别是礼节中的最关键所在，所以，治理家庭一定先要讲求礼数。男女之间不杂乱相坐，不共同使用一个衣架，不共用盥洗用具，不要有亲肤之授；嫂嫂和叔子之间不相通问，不让庶母洗内衣；有关家事以外之事不要传到内室，家庭私事之言也不要在外面传布；女子已经许配了，就佩戴香囊。除非有大的变故，不准进入宫门内。姑姊妹的女儿已经出嫁了，回家来的时候，兄弟不要和她们同坐一条席子，也不要同用一套餐具。

男女之间不通过媒人，不要相互询问姓名，不接受对方聘礼，不相交接亲近，所以书写日月以告诉君王，吃斋守戒以告慰于鬼神，设办酒食用来招待同乡的朋友亲戚，以表示谨慎地对待男女之间的关系。

还有男女之间不是在祭祀或丧礼等场合，不互相传递器皿。如果相互传递，则女的垫上一个圆的竹筐；没有圆的竹筐，那么都坐下来，放在地上，然后再去拿。无论家外还是家内都不共同使用一口井，不共同用一个浴室，不通用一床寝席，不互相借用东西器皿。男子到内室，不吹口啸，不东指西指；晚上走路则用蜡烛，没有蜡烛就不要动。女子外出则要用东西把脸蒙上；晚上走路要点蜡烛，没有蜡烛就不动。走路的时候，男的走右边，女的走左边。

孩子长到七岁时，便不让男女同坐一席，不共同吃饭。男子长到十岁时，就让他到外面跟人学习，并住宿在外。女子到十岁时就不出门。还有，妇人送往迎来都不越出家门，见到兄弟也不越出门限。

家训启迪

人们常说“不学礼，无以立”。礼是古代有德者一切正当的行为方式的汇集，是伴随中国阶级、国家的形成而形成的，是为了协调权力和财富分配中的矛盾关系而出现的，在夏商周有很大的发展，逐步达到成熟期，且在周公姬旦治理社会时期得到总结、提炼与补充，形成若干条文规定，并注入德的精神内涵，借助国家的力量，在国家意志的支配和影响下加以广泛应用，使之渗透到社会各个层面，统摄人们的行为。

同时，礼是宗法。宗法是按血统远近区别亲疏的法则，明晰权力地位、财富分配，弘扬祖先美德、氏族精神，劝人向善、标榜做人准则，其本质是道德教化，其目的是齐家荣族。家法是一个家庭所规定的行为规范，一般是由一个家族所遗传下来的教育规范后代子孙的准则。这些宗法家规，一般都写进谱牒，是家教的蓝本，由族人共同遵守。族人越礼，会受到警戒，不屑作坏，会受到相应的惩处。

故事品读

万石君知礼行孝

汉代万石君石奋没有什么知识，但是做事小心谨慎，没有可以同他比及的人。石奋的长子名石建，次子和第三子不知道名字，第四子叫石庆，都因为奉行孝道谨慎认真，当到了二千石的大官。于是汉景帝说：“石奋和四个儿子都做了二千石的官，作为人臣的尊贵宠幸，都集中在他们一家了。”所以就叫石奋为“万石君”。

汉景帝晚年的时候，万石君从上大夫这一高位上退休归老，他退休居家后，子孙们有些当了小官，来拜见他，万石君是要穿上朝服才接见子孙们，

不直接称呼他们的名字。子孙们如有过失，也不责备。只是自己设一个普通的座位，坐在桌边不吃饭。一直到后辈们互相指责，认识到错误，并通过年长者自己光着膀子，表示悔过谢罪，加以改正，才原谅他们。能戴上帽子的子孙在身边，即使是欢乐之中，也一定戴好帽子，端端正正的样子。小孩仆人们也是一派高兴的样子，都做得很认真仔细。

他守丧的礼法也十分严谨认真。子孙后代都跟他一样。万石君一家由于严守规矩，讲求孝道而声名闻乎郡国之中，即使是齐鲁这一带的儒生以及出名的躬行者，也觉得自己在这些方面赶不上万石君。

拓展阅读

【原文】

凡为人长，殊复不易，当使中外谐缉，人无间言，先物后己，然后可贵。老生云："后其身而身先。"若能尔者，更招巨利。汝当自勖，见贤思齐，不宜忽略，以弃日也。弃日乃是弃身。身名美恶，岂不大哉！可不慎欤！……

——《南史·徐勉传》

【译文】

凡是作为长辈的，非常不容易，应当使家内家外和睦，别人没有闲话，先人后己，这样做难能可贵。祖先们曾说："有好处先人后己，做事情以身作则。"这样更会带来更大的利益。你应当勉励自己，见到贤人就向他看齐，不应当忽略了这一点，白白地抛弃了时日。抛弃时日，就等于抛弃自身。一个人名声的好坏，难道不是大事吗？不慎重对待行吗？

德行是最好的遗产

把什么留给子孙？中国文化中特别重视家庭，一般人都想给子孙留下一大笔丰厚的家产，一辈子赚钱，舍不得花，留给子孙，唯恐他们面临穷困。但是司马光提出要打算为子孙好，希望他们有出息，不是要想方设法在物质上满足他们，而是要在品德、志向和修养上培养他们，给他们留下清誉、高尚的德行才是最好的财产。

祖（节选）

【原文】

为人祖者，莫不思利其后世，然果能利之者，鲜矣。何以言之？今之为后世谋者，不过广营生计以遗之。田畴连阡陌，邸肆跨坊曲，粟麦盈囷仓，金帛充箧笥，慊慊然求之犹未足，施施然自以为子子孙孙累世用之莫能尽也。然不知以义方训其子，以礼法齐其家。自于数十年中勤身苦体以聚之，而子孙于时岁之间奢靡游荡以散之，反笑其祖考之愚不知自娱，又怨其吝啬，无恩于我，而厉虐之也。始则欺绐攘窃，以充其欲；不足，则立券举债于人，俟其死而偿之。观其意，惟患其考之寿也。甚者至于有疾不疗，阴行鸩毒，亦有之矣。然则向之所以利后世者，适足以长子孙之恶而为身祸也。顷尝有士大夫，其先亦国朝名臣也，家甚富而尤吝啬，斗升之粟、尺寸之帛，必身自出纳，锁而封之。昼而佩钥于身，夜则置钥于枕下。病甚，困绝不知人，子孙窃其钥，开藏室，发箧笥、取其财。其人后苏，即扪枕下，求钥不得，愤怒遂卒。其子孙不哭，相与争匿其财，遂致斗讼。其处女亦蒙首执牒，自讦于府庭，以争嫁资，为乡党笑。盖由子孙自幼及长，惟知有利，不知有义故也。夫生生之资，固人所不能无，然勿求多余，多余希不为累矣。使其子孙果贤耶，岂蔬粝布褐不能自营，至死于道路乎？若其不贤耶，虽积金满堂，奚益哉？多藏以遗子孙，吾见其愚之甚也。然则贤圣皆不顾子孙之匮乏邪？曰：何为其然也？昔者圣人遗子孙以德以礼，贤人遗子孙以廉以俭。舜自侧微积德至于为帝，子孙保之，享国百世而不绝。周自后稷、公刘、太王、王季、文王，积德累功，至于武王而有天下。其《诗》曰："诒厥孙谋，以燕翼子。"言丰德泽，明礼法，以遗后世而安固之也。故能子孙承统八百余年，其支庶犹为天下之显，诸侯棋布于海内。其为利岂不大哉！

【译文】

作为人的祖辈，都希望谋利于后代。可是真能谋利于后代的却很少。为什么这样说呢？因为如今为后代谋利之人，只不过是广积钱财留给后代。田地连阡陌，商铺遍街巷，粮食堆满粮仓，财物塞满了箱笼，祖辈们仍嫌不够，还在谋求，但是心里却怡然自得，以为子子孙孙世代享用不完。可是他们这些祖辈们却不知道用做人的正道教育子孙，不知道用礼法来管理家庭。他们自己几十年中辛勤劳作积累起来的财富，却被子孙们在短期内挥霍浪费一空，子孙们反倒讥笑祖父们愚蠢，不会享受，还怨恨他们吝啬小气，对自己不好，这样虐待自己。一开始子孙们欺骗盗窃，以满足自己的欲望；不够之时，就向他人立券借债，等到长辈们死后再来偿还。静观子孙们的心思，只是担心长辈长寿。更有甚者，长辈有病非但不予治疗，还暗中下毒，这样的人也是有的。那些为后代谋福利的长辈们，不但助长了子孙的罪恶，也给自己带来了杀身之祸。曾经有位士大夫，他的祖先也是国朝名臣，家里非常富裕却很小气，连斗升之粟、尺寸之布，都要亲自管理，还把金银财宝锁起来。白天把钥匙带在身上，晚上睡觉时就把钥匙放在枕头底下。后来他身患重病，不省人事，子孙们趁机偷走他的钥匙，打开储藏室，开启财宝箱，偷走了金银财物。他从昏迷中苏醒之后就寻找枕头下面的钥匙，没有找到，于是愤怒而死。他的子孙们非但没有哭泣，还相互争夺财产，甚至于为争夺财产大打出手。就连未嫁之女也蒙着头拿着状纸，在公堂之上喊冤，以争夺嫁妆，他们的丑恶行为受到了同乡的讥笑。大概是由于子孙们自幼至长，只知道获取私利，不知道讲求道义的原因。生活用品，本是人所必需，但是也别求太多，财物太多了，就会成为拖累。假如子孙们确实贤能，难道连粗食布衣都不能自己解决，甚至于饿死在路旁吗？倘若子孙们无能，即便是金银满屋，又有何益呢？祖辈们积累财富留给子孙后代，足见他们愚蠢至极。难道古圣先贤都不关心子孙后代的贫穷困乏吗？有人问：他们为什么会这样？因为古代圣人要留给子孙高尚的品德与完备的礼法，贤人传给子孙廉洁的品质与俭朴的作风。舜出身卑贱却修养品德，终于当上帝王，他的子孙们继承他的高尚品德，统治国家历经百代而不绝。周朝从后稷、公刘、太王、王季、文王开始积德积功，到了武王之时，终于夺取政权，统治天下。《诗经》称："周文王谋及子孙，辅佐子孙。"指的是周文王积累恩德，申明礼法，而且将其传给后代，使得国家安宁、江山稳固。因而周家子孙能够统治八百多年，他的旁系也成为天下望族，诸侯星罗棋布，遍及海内。周家始祖留给后代的利益难道不大吗？

家训启迪

正如作者在此篇中所说的"为人祖者，莫不思利其后世"，每一对父母都爱自己的孩子，每一对父母都希望在自己消失于这个世界时，能够为孩子留下些什么，使孩子能养活自己，能过得幸福快乐。然而，往往有很多父母，却不知道为孩子留下什么才是真正地对他们有益。

"今之为后世谋者，不过广营生计以遗之。"作者提到的这个问题，现代社会仍旧存在。很多父母辛辛苦苦奋斗一生创下家业，省吃俭用积攒下钱财，全都是为了能给孩子留下一个好的基础，在孩子成家时能有房娶媳妇，在自己去世后能让孩子不至于无家可归。

“多藏以遗子孙，吾见其愚之甚也。”这些父母对孩子的这种伟大无私的爱不容怀疑，然而，留下这些东西就真的会让孩子过得幸福快乐吗？试想一下，如果做生意的父母整日都忙于挣钱，忙着为家里买车买房，忙着为孩子积攒丰厚的家业，却无暇顾及子女的教育，忽视了子女在成长之路上需要自己的不断引导与纠正，这种放任很有可能会让孩子从小就养成各种各样对未来不利的坏毛病，比如好吃懒做，比如缺乏毅力，没有耐性，比如不知道好好学习，不思进取，比如性格脾气上的暴躁、软弱等缺陷。难道他们就不爱自己的子女吗？但爱的方式却是不正确的。

有多少殷富家庭的后代被家长早早地安排好了以后的人生，却仍旧不务正业，不知感恩。又有多少父母并未给孩子留下一丝一毫的家产，但却培养出了一个个积极上进，能奋斗肯吃苦的孩子呀！

如果你已为人父母或者将要为人父母，能真正地想明白挣钱是为了什么；能真正懂得人活一世不仅是为了孩子，还得为了自己；能真正地了解什么才是对孩子的未来有所帮助的，你才算是一位合格称职的家长。

故事品读

霍英东教儿建家乡

霍英东是香港著名的实业家，他为了新中国的富强做了许多令人难以忘怀的好事、实事。他的行为也影响了儿子霍震霆。霍震霆现任全国政协委员、霍氏集团的执行董事。他也为中国的改革开放、家乡建设和中国的体育事业做了大量工作。

霍震霆 12 岁时被送往英国求学。学习期间，父亲常常提醒儿子说：“现在的时代与父亲年幼时所处的时代大不相同了，你一要好好学习，二要精通外语，三要懂国际贸易，四要读书做事都为中国人争气，否则我不能用你。”

霍英东 18 岁起当苦力、小店员，后以一条拖船发迹，如今建立起了拥有 90 亿港元的经济集团。他的经历说明了，教育子女，必须培养他们的坚强毅力、创新意识和竞争意识。所以，当霍震霆 22 岁学成返港后，霍英东便委其重任。这样做，一方面是想试一试儿子的能力如何，另一方面是为了让儿子在实际工作中经受锻炼。

1986 年，霍震霆领父命，带 400 多人的施工队伍开赴文莱，在该国首都斯里巴加湾港兴建大型货柜码头，把这个港口改造成现代化的深水港。这是关系到文莱经济发展的一项关键工程。文莱政府对此项工程十分重视，在全世界为这项工程招标，结果霍英东的有荣公司击败 20 多家竞争对手，夺得了此项目。

如此重要的工程，又在海外施工，初出茅庐的霍震霆能否胜任呢？这令许多圈内人士大打问号。

霍英东没有正面回答朋友们的疑问，而是大谈教子游泳的事：孩子小的时候，我曾经专门聘请游泳名将教他们学游泳。两年光阴过去了，孩子们还是“浮”不起来。于是我把教练“炒”了，自己当教练。我把那些不肯下水的小子统统打下水，逼着他们自己找到浮起来的本领，结果孩子们都“浮”起来了。

霍英东以教游泳比喻培养子女的办事能力，说：“道理是一样的，一定要大胆放手，不能瞻前顾后，否则会被淹死的。”

文莱位于赤道附近，气候湿热多雨，当时的经济十分落后，有荣公司的职工在这个伊斯兰国家施工，不仅工作困难多，而且在生活上也有很多不习惯的地方。霍震霆鼓励职工，一定要克服困难，把工程搞好，他说：“这是香港华人企业第一次在海外承包工程，工程能否按时完成，工程完成的质量好坏，不仅关系到公司的荣誉，也关系到我们中国人办事到底行不行的问题。”

霍震霆及其率领的员工勤奋工作，受到了文莱官方的好评。霍震霆出道后的第一炮就为父亲和中国人争了光。

霍英东是广东番禺人，在事业有成后，念念不忘故乡的父老和故乡的山山水水，为家乡的建设作出了贡献。他与有关方面合资建造了我国第一幢五星级宾馆——广州白天鹅宾馆。宾馆大堂内建造了人工瀑布，“悬崖”上镌刻着“故乡水”三个大字。

霍震霆也追随父亲，为家乡的建设作贡献。十年动乱刚刚结束，霍震霆便跟随父亲回到了故乡。但霍震霆没有想到，自己日思夜想的故乡竟如此贫穷！他没有轻视故乡人，他说：“家乡的同胞都是我情同手足的兄弟。海外华人能在逆境中历经千辛万苦取得成功，内地人同样可以取得成功。”

从 1990 年起，霍氏家庭总动员，将全部精力和巨额资金投入到家乡的建设中去。霍家与番禺市政府合作，开发番禺南沙 22 平方千米的土地，总投资超过 100 亿港元，他们的目标是要把番禺的南沙建成一个具有 21 世纪水平的新城区，成为未来中国新兴城市的典范，让家乡人民过上富裕的生活。

做父母长辈的应该给子孙留些什么，这是一个值得深思的大问题。司马光指出，那些只知道给后人物质财富，而不进行做人道理教育的人，其结果只能使子孙唯知有利，不知有义，助长其恶，祸害其身。这种教训，旧时屡见不鲜，今天也不乏其例，值得我们汲取。事实上，世界上所有财富都是易逝的，唯一能够世代相传的是生生不息、奋斗不止的精神。

拓展阅读

【原文】

古人所谓以清白遗子孙，不亦厚乎！又云：“遗子黄金满籯，不如一经。”详求此言，信非徒语。吾虽不敏，实有本志，庶得遵奉斯义，不敢坠失。

——《南史·徐勉传》

【译文】

古人所谓把清白留给子孙，这种遗产不也很厚重吗？古人又说：“留给子女一箱黄金，不如传给他们一部经书。”详细推究这些话，确实不是空话。我即使不聪明，实际上已有这种志向，希望能够遵循、奉行古人的这些道理，不敢忘掉它。

为父必言而有信

司马光在其关于父亲的篇章中首先就利用陈亢对于伯鱼的问话提出“君子之于子，爱之而勿面，使之而勿貌，遵之以道而勿强言；心虽爱之不形于外。”指出从古至今有许多教子无方而使之成为亡命之徒的事情，都是因为不知道怎么样去教育孩子。下面就让我们一起来领教一下司马光带给我们的关于曾子教育孩子的观点和方法。

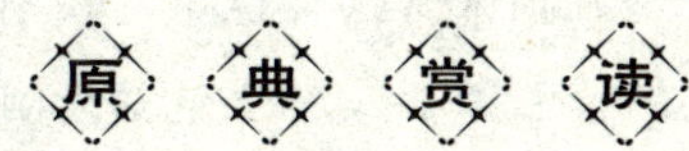

父（节选）

【原文】

曾子曰：“君子之于子，爱之而勿面，使之而勿貌，遵之以道而勿强言；心虽爱之不形于外，常以严庄莅之，不以辞色悦之也。不遵之以道，是弃之也。然强之，或伤恩，故以日月渐磨之也。”

石碏谏卫庄公曰：“臣闻爱子教之以义方，弗纳于邪。骄奢淫逸，所自邪也。四者之来，宠禄过也。”自古知爱子不知教，使至于危辱乱亡者，可胜数哉！夫爱之，当教之使成人。爱之而使陷于危辱乱亡，乌在其能爱子也？人之爱其子者多曰：“儿幼，未有知耳，俟其长而教之。”是犹养恶木之萌芽，曰：“俟其合抱而伐之，”其用力顾不多哉？又如开笼放鸟而捕之，解缰放马而逐之，曷若勿纵勿解之为易也！

【译文】

曾子说：“君子对于自己的儿子，疼爱他但并不表现出来，使唤他但不要太随便，按照一定的规矩教育孩子但不要强迫他；

心里虽然疼爱，不要表露到外面，经常用严肃的样子出现在孩子面前，也不用言语颜色去讨孩子高兴快乐。不按一定的道理去教育孩子，实际上是在抛弃孩子。但是强迫有时又伤害恩情，所以一天一天地慢慢磨炼孩子。”

石碏向卫庄公进谏说：“愚臣听说过疼爱自己的儿子，要用仁义、德规去教育他，使他不要走上邪路，骄傲、奢侈、淫荡、放佚都是走上邪路的法门。这四者的产生，都是因为过分宠爱厚待的原因。”从古到今知道爱自己的孩子，却不知道怎样教育他们，使他们遭遇危险、受侮辱，甚至变成制造混乱的亡命之徒。这样的事例，连数都数不清啊！爱孩子就应该教育孩子，使他成长为人才。爱孩子却使孩子走上危险、受辱，甚至为乱、取亡之道，哪里是在真正爱孩子呢？爱孩子的人们常常这样说：“孩子还小，还不懂事，等到他长大了再教育他吧。”这实际上就如爱刚刚发芽的恶木，说：“等到恶木长到合抱那样大再砍伐它。”那样用力不就太多了吗？又比如打开鸟笼放鸟飞掉又去捕捉鸟儿，解开马缰绳却又去追赶马儿一样，哪里比得上不放鸟，不解缰绳那样容易办？

家训启迪

“子不教，父之过”，在这一篇中，司马光就怎样做一个好父亲发表了自己的观点，他由“孔鲤趋庭”的故事引出君子应当“远其子”的主张，意思是说，一个品德高尚的好父亲，对待孩子不应过分亲近溺爱，而是要建立起做父亲的威信，让孩子学会敬畏。

父母固然都爱自己的孩子，但在一个家庭当中，围绕在孩子身边的不能都是“爱的呵护”，这样很容易养成孩子恃宠而骄的坏习惯，较为合理的分配便是做父母的一个唱黑脸一个唱白脸，而唱黑脸的那个角色自然是父亲。孩子在性格尚未完全成型的时期，如果没有一个让他害怕的人，也没有一个让他景仰效仿的人的话，对孩子的成长是极为不利的。那么什么叫做唱黑脸呢？唱黑脸又应该把握一个什么样的分寸呢？

不分青红皂白地暴打一顿不叫作唱黑脸，与孩子之间嬉戏耍闹有失庄重也不叫作唱黑脸，作者所认为的严父形象是“使之而勿貌，遵之以道而勿强言；心虽爱之不形于外，常以严庄莅之，不以辞色悦之也。”能够把握住这样一个度才是最为有益的。现在很多家庭教育理念认为，父亲应该和孩子成为朋友，这一主张其实和“严父”并不冲突，只是在时间上和具体的实施方法上有所不同。

故事品读

言必信，行必果

祖逖原本出身于西晋末年的北方大族，后来家道中落。在当时的乱世之中，祖逖带了几百乡亲来到淮河流域一带。在逃难的过程中，祖逖主动把自己的车马让给老弱有病的人，把自己的粮食、衣服也分给大家。乡亲们都十分敬重他。

不久，逃难的人群来到了泗口（今江苏靖江北）。这时，祖逖手下已经聚集了一批壮士，他们都是背井离乡的人。大家眼看着自己的家园被外族侵占，都很愤恨，见祖逖是一个胸怀大志的人，就推选祖逖做了首领，希望祖逖带领他们早日打回家乡去。

当时，司马睿还没有即位做皇帝，祖逖曾劝说他领兵收复失地，司马睿当时并没有收复中原的打算，但听祖逖说得慷慨激昂，也不好推辞，就勉强答应了祖逖的请求，并派他做豫州（今河南东部和安徽北部）刺史，拨给他一千个人吃的粮食和三千匹布，但不给他战衣和兵器，还让他自己想办法集结士兵。

祖逖带着随同他一起来的几百乡亲，组成一支队伍，横渡长江。船到江心的时候，祖逖拿着船桨，在船舷边拍打，向大家发誓说：“我祖逖如果不能扫平占领中原的敌人，绝不再过这条大江！”他激昂的声调和豪壮的气概，使随行的壮士个个感动，人人激奋。

到了淮阴，祖逖停了下来，一面制造兵器，一面招兵买马，等到聚集了两千多人马后，才向北进发。当时，长江以北的不少豪强地主，趁中原大乱的机会，占据堡坞，互相争夺。祖逖说服他们停止内争，随他一起北伐，祖逖的威望越来越高。

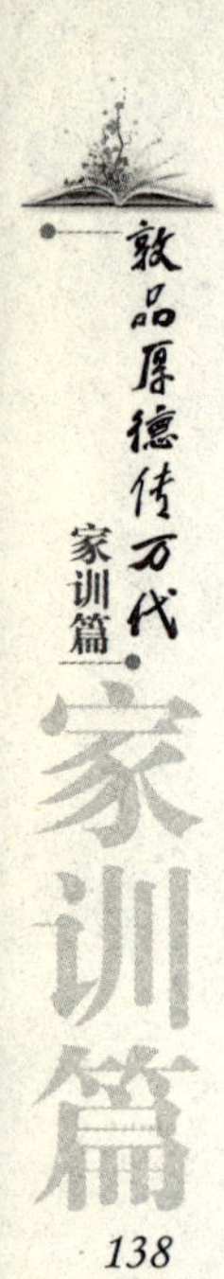

祖逖的军队一路上得到人民的支持，迅速收复了许多失地。后来，祖逖收复了黄河以南的大部分领土，许多敌军也陆续向祖逖投降。晋元帝即位后，觉得祖逖功劳太大，于是封他为镇西将军以节制其权力。

孔子说：言必信，行必果。说话要守信用，做事一定要有始有终，绝不能半途而废。祖狄以他自己的微薄之力实现了自己的誓言，实现了对自己、对众人的承诺。他也让我们领悟到了誓言的真谛，它不应该是一种决心，而应该是一种实际的行动与作为。当你想要许下誓言的时候，请先想想你真的愿意去做吗？你真的有能力去做吗？我们每个人都有义务，去维护誓言的可信度。

拓展阅读

【原文】

然为父母者，尤当身任其责。《易》曰："家有严君焉，父母之谓也。"盖父母视家人，势分本为独尊，事权得以专制，使挈其纲领，内外肃然，谁敢不从令。若仁柔姑息，动多愆违，以致纷纷效尤，谁执其咎哉？

——《庞氏家训·务本业》

【译文】

做父母的，尤其应当以身作则。《易经》上说："父母是家庭的主宰。"父母对于家人，在权威上处于独尊，处理事情时能够独断专行，只要提纲挈领，使内外严肃恭敬，谁敢不听父母的命令？如果父母过于宽厚仁柔，姑息养奸，并且自己经常出现差错，子弟纷纷效仿，那么，谁来纠正他们的过失呢？

慈母贵知教子

对于孟母三迁选择邻居教子的故事大家都不会陌生，司马光在对母亲教育孩子的论述方面不仅仅提到孟母教子的事迹，还提到了晋太尉陶侃之母剪发换酒成就其仕途的故事，再加之唐代赵武孟之母拒吃他拿的东西以敦促其勤于读书的事例等。从中让我们一同来汲取作为人母教育子女的责任与方法。

母（节选）

【原文】

孟轲之母，其舍近墓，孟子之少也，嬉戏为墓间之事，踊跃筑埋。孟母曰："此非所以居之也。"乃去。舍市傍，其嬉戏为衒卖之事。孟母又曰："此非所以居之也。"乃徙。舍学宫之傍，其嬉戏乃设俎豆揖让进退。孟母曰："此真可以居吾子矣！"遂居之。

晋太尉陶侃，早孤，贫，为县吏。鄱阳孝廉范逵尝过侃，时仓促无以待宾。其母乃截发，得双髲以易酒肴。逵荐侃于庐江太守，召为督邮，由此得仕进。

唐侍御史赵武孟，少好田猎，尝获肥鲜以遗母。母泣曰："汝不读书，而田猎如是，吾无望也！竟不食其膳。武孟感激勤学，遂博通经史，举进士，至美官。

太子少保李景让母郑氏，性严明，早寡家贫，亲教诸子。久雨，宅后古墙颓陷，得钱满缸。奴婢喜，走告郑。郑焚香祝之曰："天盖以先君余庆，愍妾母子孤贫，赐以此钱，然妾所愿者，诸子学业有成，他日受俸，此钱非所欲也。”亟命掩之。此唯患其子名不立也。

【译文】

孟轲的母亲，她住的地方靠近坟墓。孟子小的时候，玩耍游戏学着做坟墓之中的事情，跳来跳去又筑坟又埋人。孟子母亲说："这里不是适宜孩子居住的地方。"于是离开，住在市场的旁边。孟子游戏玩耍又学市场买卖一类的东西。孟子母亲又说："这里也不是适宜孩子居住的地方。"于是又搬到学校的旁边去住。孟子玩耍游戏于是就学着陈设祭品中的俎豆，会见宾客中的迎送一类的事情。孟子的母亲说："这里真是儿子可以居住的地方了！"于是就长期住了下来。

晋代太尉陶侃早年就丧父成为孤儿，家里贫困，当了一个县里的小官。番阳孝廉范逵曾拜访陶侃，当时仓促，没有东西接待宾客。陶侃的母亲就把头发剪了下来，做成两个假发拿去换酒食菜肴。之后范逵对庐江太守推荐陶侃，召陶侃为督邮，从此走上了仕途。

唐代侍御史赵武孟年少的时候喜欢打猎，曾获得很肥大鲜美的猎物送给他的母亲。母亲流着眼泪说："你不读书而每天这样打猎，我没什么指望了！"坚决不吃他的东西。赵武孟受到触动、感慨，于是发奋勤学，最后博通经书史籍，中了进士，并当上了好官。

太子少保李景让的母亲姓郑，性格严厉，早年守寡，家庭贫困，自己亲自做孩子的老师。有一次下了很久的雨，住房后面的一堵古墙倒塌了，在倒塌的墙下，获得一缸子钱币。奴婢们十分高兴，跑来告诉郑氏。郑氏听说后烧香祷告说："上天大概拿祖先们余下来的恩惠关心照顾我们母子的孤苦贫困，所以赐给这些钱财，但是我所希望的是，几个孩子在学习上有所成就，改日再接受享用这些钱财，现在并不希望用这笔钱。"于是她又急忙让人重新掩埋。这就是只担心儿子的名声得不到确立的人！

家训启迪

每一位望子成龙、望女成凤的家长都希望自己的孩子能够顺利地完成学业，取得优异的学业成绩，可是又有多少孩子能像家长期望的那样呢？特别是看到自己的孩子对学习没有一点兴趣的时候，看到孩子面对作业抓耳挠腮的时候，父母们都有怎样的想法呢？

无论父母怎样苦口婆心、威逼利诱，孩子就是没有学习的热情，毛病出在哪儿呢？相信很多家长都会遇到类似的问题。那么究竟是什么原因使得自己的孩子表现出如此的举动呢？又该采取什么样的措施来提高孩子的学习兴趣呢？孔子的母亲颜征在用自己的教育实践告诉我们：兴趣对孩子的个性形成起着重要作用，直接影响着孩子对学习的态度，影响着孩子对今后学习方向和职业的选择。孩子的兴趣越广泛，他的眼界就越开阔，对某些学科就越能理解得全面和透彻。

颜征在的做法告诉我们这样一个道理：孩子能否形成积极的、稳定的兴趣是与父母的影响分不开的。在孩子很小的时候，父母就应该为孩子创造能够培养兴趣的良好环境和条件，并给予正确的引导——为了激起孩子对阅读的兴趣，就必须让孩子朗读作品，并且给孩子介绍适合他们的读物。为了激发孩子对物理的兴趣，就要向孩子介绍各种有趣的现象，比如摩擦生电，鞋底为什么不是光的，苹果熟了为什么往地下落等问题，引发孩子思考的兴趣。

如果父母忽视了对孩子各方面兴趣的观察和关注，忽视了孩子个性发展方面的缺陷，必然会被孩子暂时的成绩所蒙蔽，看不到孩子现阶段真正的学习状况，也就谈不上及时培养孩子的兴趣了。因为，随着孩子的成长，孩子的自我意识也在增强，自我评价能力同时也在提高，以前那种外在刺激和外在学习动机会渐渐失去它本身的魅力。这时如果没有及时培养起孩子对学习本身的兴趣，孩子就会丧失学习的动力。

因此，父母要记住：孩子的兴趣越广泛，他的精神世界就越丰富。家长应该成为孩子兴趣的“引路人”。

故事品读

孔母教子

无论传说中孔子的出生是多么不平凡，但是从他的成长史来看，他的母亲颜征在的的确确是个不凡的女性。传说孔子天资聪颖，父母教孔子学习说话，孔子一遍即会，永远不忘。父亲叔梁纥在孔子很小的时候就去世了，这也给颜征在母子带来了巨大的不幸。孤儿寡母被迫离开孔家搬回曲阜故里居住。这时候，孔子的教育重任就完全落在了母亲颜征在的身上。然而，孔子就是在这样一位母亲的手中造就的。

颜征在深谙学习的最好导师是兴趣。于是，她就用兴趣来激发孔子的学习热情。由于孔子住的地方与宗府相离不远，每次遇到祭礼，颜征在都会想办法让孔子前往参观。所以，孔子自小就对祭礼感兴趣，并学会了自己利用一切可利用之物来模仿祭礼过家家。孔子一个人的独角戏玩得津津有味，始终不厌倦。颜征在看在眼里，喜在心里，知道自己在这个时候应该助他一臂之力。颜征在先是从语言上有意引导儿子的某种发展方向，于是她笑着说："你天天戏要俎豆来消遣，难道想学会了礼制，去做礼官不成？"这句话打开了孔子幼小的心灵之窗，使他萌发了想要学习的强烈欲望。

细究起来，颜征在的教学理念简直是先进了两千年。颜征在很害怕孔子在学习之前很渴望，学习后又失去学习兴趣。所以，她故意放出话来：真正做了学生就不可以再贪玩了。这既让孔子没有了偷懒的退路，又激起了孔子对学习的向往。在这个基础上，颜征在又在教学工具的使用和教学模式的研究上狠下功夫，利用一些手头可用的工具，从感性上加深认识。并且，颜征在一次性教给孔子的学习内容并不多，孔子总是在轻轻松松中就感觉自己把母亲教给的东西全掌握了，而且还有一种"吃不饱"的感觉。这就完成了一种由"要我学"到"我要学"的转变。

在母亲循循善诱的引导下，孔子的求知欲望非常强烈，颜征在已经感到自己的知识远远不够儿子的学习需求。于是，颜征在向父亲颜襄求助。这又引出孔子家教中又一个非常重要的人物——孔子的外祖父颜襄。颜襄是当时一位博古通今的学者，非常喜欢这个天资聪颖、好学不倦的外孙，于是收下了他一生中最后一位弟子，倾尽自己的才学教授他，并从大处引导他：“人活在世上，如果将来能出仕，居高位，掌国政，应当懂得尧舜的道理，近守文武的法则，顺着天时，察看地利。小则可以教民安乐，大则可以平治天下，自可是顶天立地的大圣人。”由此，孔子的人生观、价值观已经完全确立起来。可以说，是良好的家教使得一个大圣人的思想雏形在少年时就具备了。

拓展阅读

【原文】

君子之于子也，爱而勿面也，使而勿貌也；导之以道而勿强也。

——《大戴礼记》

【译文】

君子对于子女，爱他，但不要表现在脸上；差使他，但不要表现得盛气凌人；用正道去引导他，但不要强迫。

兄必仁让

人常说兄弟如手足，手足是我们所不能分割的，兄弟也是如此。一奶同胞的亲兄弟，如果弟弟对兄长不尊敬，难道说就都是弟弟的错误吗？如果兄长有兄长的气度，弟弟自然会对其恭敬，即便弟弟有什么过错，作为长兄也要对其忍让友爱，这才是作为长兄应该尽到的责任。

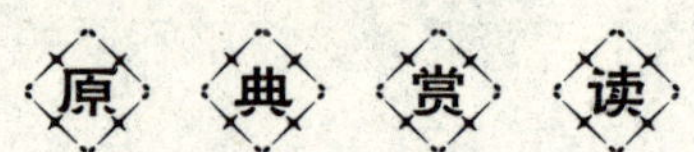

原典赏读

兄（节选）

【原文】

凡为人兄，不友其弟者，必曰弟不恭于我。自古为弟而不恭者，孰若象？万章问于孟子曰：“父母使舜完廪，捐阶，瞽瞍焚廪；使浚井，出，从而揜之。象曰：‘谟盖都君咸我绩。牛羊父母，仓廪父母。干戈朕、琴朕、弤朕，二嫂使治朕栖。’象往入舜宫，舜在床琴。象曰：‘郁陶思君尔！’忸怩。舜曰：‘惟兹臣庶，汝其于予治。’不识舜不知象之将杀己与？”

曰：“奚而不知也？象忧亦忧，象喜亦喜。”曰：“然则舜伪喜者与！”曰：“否！昔者有馈生鱼于郑子产。子产使校人畜之池。校人烹之，反命曰：‘始舍之，圉圉焉，少则洋洋焉，攸然而逝。’子产曰：‘得其所哉！得其所哉！’校人出曰：‘孰谓子产智？予既烹而食之，曰：得其所哉，得其所哉！’故君子可欺以其方；难罔以非其道。彼以爱兄之道来，故诚信而喜之，奚伪焉！”万章问曰：“象日以杀舜为事，立为天子，则放之，何也？”

孟子曰：“封之也。或曰放焉。”万章曰：“舜流共工于幽州，放驩兜于崇山，杀三苗于三危，殛鲧于羽山，四罪而天下咸服，诛不仁也。象至不仁，封之有庳。有庳之人奚罪焉？仁人固如是乎？在他人则诛之，在弟则封之。”

曰：“仁人之于弟也，不藏怒焉，不宿怨焉，亲爱之而已矣。亲之欲其贵也，爱之欲其富也。封之有庳，富贵之也。身为天子，弟为匹夫，可谓亲爱之乎？”“敢问，或曰放者何谓也？”

曰：“象不得有为于其国，天子使吏治其国，而纳其贡赋焉，故谓之放，岂得暴彼民哉！虽然，欲常常而见之，故源源而来。不及贡，以政接于有庳。”

汉丞相陈平，少时家贫，好读书，有田三十亩，独与兄伯居。伯常耕田，纵平使游学。平为人长大美色。人或谓陈平曰：“贫何食而肥若是？”其嫂嫉平之不视家生产，曰：“亦食糠核耳。有叔如此，不如无有。”伯闻之，逐其妇而弃之。

御史大夫卜式，本以田畜为事，有少弟。弟壮，式脱身出，独取畜羊百余，田宅财物尽与弟。式入山牧，十余年，羊致千余头，买田宅。而弟尽破其产，式辄复分与弟者数矣。

唐朔方节度使李光进，弟河东节度使光颜先娶妇，母委以家事。及光进娶妇，母已亡。光颜妻籍家财，纳管钥于光进妻。

光进妻不受，曰：“娣妇逮事先姑，且受先姑之命，不可改也。”因相持而泣，卒令光颜妻主之矣。

平章事韩滉，有幼子，夫人柳氏所生也。弟湟戏于掌上，误坠阶而死。滉禁约夫人勿悲啼，恐伤叔郎意。为兄如此，岂妻妾他人所能间哉？

【译文】

凡是为人哥哥的，与弟弟不友好的，一定说是弟弟对自己不恭敬。自古以来做弟弟的对哥哥不恭敬的哪一个超过象？万章问孟子道：“舜的父母亲打发舜去修缮谷仓，等舜上了屋顶，便抽去梯子，他父亲瞽还放火焚烧那谷仓，幸而舜设法逃了下来。于是又打发舜去淘井，他们不知道舜从旁边的洞穴出来了，使用土填塞井眼。舜的弟弟象这时说：‘谋害舜都是我的功劳，牛羊分给父母，仓廪分给父母，干戈归我、琴归我、弤弓归我，两位嫂嫂要她们替我铺床叠被。’象便向舜的宫殿走去，舜却坐在床边弹琴。象说：‘哎呀！我好想念你啊！’但神情之间是很不好意思的。舜说：‘我想念着这些臣下和百姓，你替我管理管理吧！’难道舜不知象要杀他吗？”

孟子答道：“怎么不知道呢？象忧愁，他忧愁；象高兴，他也高兴。”万章说，“那么，舜的高兴是假装的吗？”孟子说：“不，从前有一个人送条活鱼给郑国的子产，子产使主管池塘的人畜养起来，那人却煮着吃了，反而向他汇报说：‘刚放在池塘里，它还要死不活的；一会儿，摇摆着尾巴活动起来，突然间远远地不知去向。’子产说：‘它得到了好地方呵！得到了好地方啊！’那人出来了，说道：‘谁说子产聪明，我已经把这条鱼煮着吃了，他还说：得到了好地方呵，得到了好地方呵！’所以对于君子，可以用合乎人情的方法来欺骗他；不能用违反道理的诡诈欺骗他。象既然假装敬爱兄长的样子来，舜因此真诚地相信而高兴起来，怎么会是假装的呢？”万章问道：“象每天把谋杀舜的事情作为他的工作，等舜做了天子，却仅仅流放他，这是什么道理呢？”

孟子答道：“其实是舜封象为诸侯，不过有人说是流放他罢了。”万章说：“舜把共工流放到幽州，把驩兜发配到崇山，把三苗驱逐到三危，把鲧充军羽山，惩处了这四个罪犯，天下便都归服了。就因为讨伐了不仁的人的缘故。象是最不仁的人，却以有庳之国来封他。有庳国的百姓又有什么罪过？对别人就加以惩处，对弟弟就封以国土，难道仁人的做法竟是这样的吗？”

孟子说：“仁人对于弟弟有所愤怒，不藏于心中，有所怨恨，不留于胸内，只是亲他爱他罢了。亲他便要使他贵；爱他便要使他富，把有庳国土封给他，正是使他又富又贵，本人做了天子，弟弟却是一个老百姓，可以说是亲爱吗？”万章说：“我请问，为什么有人说是流放？”

孟子说：“象不能在他国土上为所欲为，天子派遣了官吏来给他治理，缴纳贡税，所以有人说是流放。象难道能够暴虐对待他的百姓吗？纵如此，舜还是想常常看着象，象也不断地来和舜相见。不必等到规定朝贡的时候，平常也假借政治上的需要来相接待。”

汉代丞相陈平，小时候家里贫困，喜欢读书，有田三十亩，一个人与哥哥陈伯住一起。陈伯常耕作种田，纵容陈平一个人游学。陈平为人长得很高、又漂亮。有人说陈平“贫困之人，怎么会吃得来这样肥头大耳？”他的嫂子嫉妒陈平不料理家事，说：“也许是吃了些糠吧，有这样的叔子，还不如没有的好。”他哥哥听见了，把他的妻子赶走并且抛弃了她。

御史大夫卜式，本来从事种田畜牧业，有一位小弟弟。弟弟长大后，卜式自己一个人离开家庭，只取一百来只羊，田土、住宅、财产全归弟弟。卜式入山放羊十多年，羊繁殖到一千多头，并且买了田土和房子。但他的弟弟却把家产全部败光了，卜式就把自己的财产分给他，并且这样做有好几次。

唐代朔方节度使李光进，弟弟是河东节度使李光颜，弟弟先于他娶了媳妇，他们母亲把家事全交给光颜的妻子。等到光进娶亲的时候，母亲已经亡故。光颜的妻子清点并收拾好家里的财产，把门锁起来。然后把钥匙交给光进的妻子。

光进的妻子不肯接受，回答说："弟媳曾经侍奉过故去的婆婆，并且你接受了婆婆的安排，因此婆婆的安排是不可以更改的。"说完姑嫂相互拥抱起来哭泣，最后仍让光颜的妻子主持家政。

平章事韩滉有幼子是夫人柳氏生的，幼子与弟弟韩湟在堂上玩耍，不小心从阶上掉下来死了。韩滉禁止夫人哭泣，担心伤害叔叔的心。做哥哥如此，难道是妻妾或其他人所能离间开的吗？

家训启迪

身为哥哥或姐姐，就应该时时以身作则，努力成为父母的得力助手；多干家务活；遇事要宽宏大量，不与弟、妹斤斤计较，更不要以为他们比自己小就随意指挥他们干活；当弟弟妹妹求教或请求帮忙时，应耐心帮助和解答，切忌不耐烦或不屑帮忙。弟弟妹妹有错时，不要在父母或他人面前斥责他们，以免伤害他们的自尊心，更不能经常在父母面前"告状"，而引起他们的反感。万一与弟弟妹妹发生争吵，应当看父母的面，在父母面前作自我批评。兄弟姐妹要和睦，如有意见可以通过父母解决，不可相互争吵。

故事品读

泰伯采药

殷朝末年的时候，有个孝、悌兼备的人，姓姬名太伯，是周朝太王的长子，他有两个弟弟，大弟叫仲雍，二弟叫季历。季历的儿子姬昌，就是后来的文王。文王生下来的时候，有一对赤色的雀子嘴里衔了丹书，停在门户上，表示圣人出世的祥瑞。

周太王看到了季历生儿子时有瑞相，再看到这个小孙子姬昌的确有不凡之才，所以太王有意将王位传给季历，再由季历传位给姬昌。太伯知道父亲的意思，就和大弟仲雍商量约定，应该如何顺从亲意。这时，刚好周太王生病了，于是太伯就跟仲雍以采药为名离开周朝，到南方荆蛮之地，一是逃避父王派人追查；二是表示自己希望把周朝的王位让给季历。

他父亲去世的时候，两个长兄也没有回去奔丧，顺理成章让季历继承王位。当时朝廷派许多人到荆蛮之地寻找太伯，太伯为了不被认出来，就披发文身。

季历也是非常仁慈厚道，他看到两个哥哥如此礼让他，就不负众望，把天下治理得非常好，最后把王位传给姬昌，就是历史上著名的周文王。

“太伯三以天下让”，他成全了父母的心愿；成全了周朝八百年的盛世；成全了整个社会的风气。后来，孔子表扬太伯，说他已经到了至德的地步。

拓展阅读

【原文】

曰：“仁人之于弟也，不藏怒焉，不宿怨焉，亲爱之而已矣。亲之，欲其贵也；爱之，欲其富也。封之有庳，富贵之也。身为天子，弟为匹夫，可谓亲爱之乎？”

——《孟子·万章上》

【译文】

孟子说：“一个仁爱的人对自己的弟弟，不把怒气藏在胸中，不把怨恨埋在心底，就只知道亲他、爱他罢了。亲他，想使他有地位；爱他，想使他有财富。把他封在有庳国为诸侯，这正是为了要使他有财富、有地位。如果一个人他自己做了天子，而弟弟却是一个平民，这能说是亲他、爱他吗？”

弟必恭敬

俗话说“长兄如父”，在过去是这样，在当今也应该是这样。司马光在其对弟弟的论述中明确提出“弟之事兄，主于敬爱。”他还举出许多弟弟侍奉兄长的例子，告诉我们作为弟弟一定要尊敬自己的兄长。

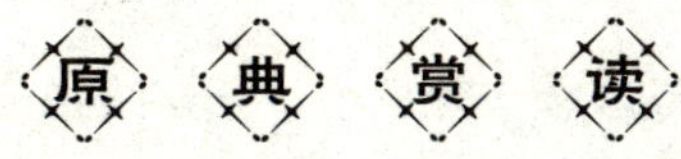

弟（节选）

【原文】

弟之事兄，主于敬爱。齐射声校尉刘琎，兄瓛夜隔壁呼琎，琎不答，方下床着衣，立，然后应。瓛怪其久。琎曰：“向束带未竟。”

【译文】

弟弟侍奉兄长，关键是要敬重。齐代射声校尉刘琎的哥哥刘瓛夜晚在隔壁喊刘琎，刘琎没答应，下床穿好衣服，站好之后才答应。哥哥怪他为什么那么久没答应，他说：“刚才你喊我的时候我还没有整装束带。”

【原文】

梁安成康王秀，于武帝布衣昆弟，及为君臣，小心畏敬，过于疏贱者。帝益以此贤之。若此，可谓能敬矣。

【译文】

梁安成康王秀跟武帝是平民兄弟，等到武帝即位后，秀对武帝小心侍候，非常敬爱，其敬爱超过了那些血缘疏远的人。武帝更因此看重秀。弟弟像这样对待哥哥可谓是敬重。

【原文】

后汉议郎郑均，兄为县吏，颇受礼遗，均数谏止，不听，即脱身为佣。岁余，得钱帛归，以与兄，曰："物尽可复得。为吏坐赃，终身捐弃。"兄感其言，遂为廉洁。均好义笃实，养寡嫂孤儿，恩礼甚至。

【译文】

东汉议郎郑均哥哥当县吏时，经常接受他人礼品，郑均多次劝谏，哥哥不听，他就去当佣人。过了一年多，他拿了钱财回来给哥哥说："钱财用尽了可以再赚。当官的贪赃枉法，就会受到惩处，再也不能为官。"哥哥听了他的话后非常感动，此后清正廉洁、不徇私情。郑均为人忠厚老实，哥哥死后，他赡养寡嫂，抚养孤儿，恩礼备至。

【原文】

晋咸宁中疫颍川，庚衮二兄俱亡。次兄毗复危殆。疠气方炽，父母诸弟皆出次于外，衮独留不去。诸父兄强之，乃曰："衮衰性不畏病。"遂亲自扶持，昼夜不眠。其间复扶柩哀临不辍。如此十又余旬，疫势既歇，家人乃反。毗病得差，衮亦无恙。父老咸曰："异哉此子！守人所不能守，行人所不能行，岁寒然后知松柏之后凋，始知疫疠之不相染也。"

【译文】

西晋咸宁年间颍川发生瘟疫，庚衮的两个哥哥都死了。还有个哥哥庚毗生命垂危。当时瘟疫肆虐，父母及几个弟弟都外出居住，庚衮留在家里，不肯离去。父母等人强迫他同行，他却说："我不怕染病。"就在家亲自侍候哥哥庚毗，昼夜不休息。在此期间，他不止一次地护送灵柩，从来没有停止过哀伤。这样过了一百多天，瘟疫渐渐停息，家人才回家。庚毗的病得以康复，庚衮也安然无恙。乡亲们都说："这个儿子真是不同寻常！能够坚守他人不能坚守的岗位，能做他人不能做的事情，天气寒冷的时候才知道松柏的长青不凋，也才知道瘟疫不染好人。”

【原文】

唐英公李勣，贵为仆射，其姊病，必亲为燃火煮粥，火焚其须鬓。姊曰：“仆射妾多矣，何为自苦如是？”勣曰：“岂为无人耶？顾今姊年老，勣亦老，虽欲久为姊煮粥，复可得乎？”若此，可谓能爱矣！

【译文】

唐英公李勣，官至仆射，他的姐姐病了，他就亲自为她烧火煮粥，火苗烧了他的胡须和头发。姐姐说：“你的妾那么多，为何这样自找苦吃？”李勣回答说：“难道是没人吗？我想到姐姐现在年老，我自己也老了，即使想长时间地为姐姐烧火煮粥，又怎么可能呢？”像这样的弟弟，真的能够敬爱姐姐。

【原文】

夫兄弟至亲，一体而分，同气异息。《诗》云：“凡今之人，莫如兄弟。”又云：“兄弟阋于墙，外御其侮。”言兄弟同休戚，不可与他人议之也。若己之兄弟且不能爱，何况他人？己不爱人，人谁爱己？人皆莫之爱，而患难不至者，未之有也。《诗》云“毋独斯畏”，此之谓也。兄弟，手足也。今有人断其左足，以益右手，庸何利乎？虺一身两口，争食相龁，遂相杀也。争利而家，何异于虺乎？

【译文】

兄弟之间相亲相爱，就好像同出一休，同气异息。《诗经》说：“现在的人，都不如兄弟那样亲密无间。”又说：“兄弟在家里虽然不和，对外却能团结一心，共同对付敌人。”说的是兄弟能够同欢乐、共患难，不能与他人相提并论。如果连自己的兄弟都不爱，更何况他人呢？自己不爱他人，他人又怎么会爱自己呢？人人都不喜爱他人，却不会遭遇灾难，这样的事情，从古至今还没有发生过。《诗经》说“怕的是不得人心”，指的就是这个意

思。兄弟如同手足，当下有人砍断他的左脚，用来延长他的右手，难道有什么用吗？虺一个身子两张嘴巴，争食相咬，因而自相残杀。如果兄弟为了各自的利益互相残害，跟虺有什么差别呢？

【原文】

吴太伯、太伯弟仲雍，皆周太王之子，而王季历之兄也。季历贤，而有圣子昌，太王欲立季历以及昌。于是太伯、仲雍二人乃奔荆蛮，文身断发，示不可用，以避季历。季历果立，是为王季，而昌为文王。太伯之奔荆蛮，自号句吴。荆蛮义之，从而归之千余家，立为吴太伯。子曰："太伯，其可谓至德也已矣，三以天下让，民无得而称焉。"

【译文】

吴太伯和弟弟仲雍，都是周太王的儿子，是王季历的哥哥。季历贤能，生了圣子姬昌，周太王想立季历为王而后传给姬昌。因此，太伯、仲雍两人就奔赴荆蛮之地，纹身截发，表示他们不能为王，用来躲避弟弟季历。季历果然被立为王，称为王季，而姬昌成了周文王。太伯到了荆蛮之后，自称句吴。荆蛮百姓认为他很讲仁义道德，纷纷归附，归顺他的人有一千多家，拥立他为吴太伯。孔子说："太伯，可谓是很有道德，多次让位给季历，百姓无不称赞他的美德。"

【原文】

伯夷、叔齐，孤竹君之二子也。父欲立叔齐。及父卒，叔齐让伯夷。伯夷曰："父命也。"遂逃去。叔齐亦不肯立而逃之。国人立其中子。

【译文】

伯夷、叔齐，是商代孤竹君的两个儿子。父亲孤竹君想立叔齐为继承人。等到父亲死后，叔齐想让位给伯夷，伯夷说："那是父亲的命令。"就逃亡而去。叔齐不愿当继承人，也逃跑了。于是国人就拥立孤竹君的第二个儿子为王。

【原文】

后魏高凉王孤，平文皇帝之第四子也，多才艺，有志略。烈帝之前元年，国有内难，昭成为质于后赵。后烈帝临崩，顾命迎立昭成。及崩，群臣咸以新有大故。昭成来，未可果，宜立长君，次弟屈，刚猛多变，不如孤之宽和柔顺。于是大人梁盖等杀屈，共推孤为嗣。孤不肯，乃自诣邺奉迎，请身留为质。石季龙义而从之。昭成即王位，乃分国半部以与之。然兄弟之际，宜相与尽诚，若徒事形迹，则外虽友爱而内实乖离矣。

【译文】

后魏高凉王孤，是平文皇帝的第四个儿子，多才多艺，很有谋略。烈帝之前元年，国内发生叛乱，昭成前往后赵做人质。后来烈帝临死之时，命令臣下迎立昭成为王。等到烈帝死后，群臣都认为皇帝刚刚驾崩，昭成不一定能归来，应该拥立新的君主。昭成的小弟屈，刚猛多变，不像王孤那样宽和柔顺。因此大人梁盖等杀死屈，一起拥立孤为王。孤不同意，就亲自到邺地迎哥哥昭成，愿意留作人质。石季龙深感于他的大义就满足了他的要求。昭成当了皇帝后，就分给孤半壁江山。兄弟之间，应该坦诚相待，如果徒有其表，对外虽然能团结友爱，在内却已经相互背离。

【原文】

梁安成康王秀与弟始兴王憺友爱尤笃，憺久为荆州刺史，常以所得中分秀。秀称心受之，不辞多也。若此，可谓能尽诚矣！

【译文】

梁朝安成康王秀与弟弟始兴王憺非常友爱，王憺长时间担任荆州刺史，经常把他的俸禄分一半给哥哥，秀高兴地接受，也不推辞。为人之弟像这样对待哥哥，可谓是能够尽诚尽恭！

【原文】

贤者之于兄弟，或以天下国邑让之，或争相为死；而愚者争锱铢之利，一朝之忿，或斗讼不已，或干戈相攻，至于破国灭家，为他人所有，乌在其能利也哉？正由智识褊浅，见近小而遗远大故耳，岂不哀哉！《诗》云："彼令兄弟，绰绰有裕。不令兄弟，交相为瘉。"其是之谓欤。子产曰："直钧，幼贱有罪。"然则兄弟而及于争，虽俱有罪，弟为甚矣！世之兄弟不睦者，多由异母或前后嫡庶更相憎嫉，母既殊情，子亦异党。

【译文】

贤能的兄弟，有的人以天下国邑互相推让，有的人争相替死；可是那些愚蠢的兄弟，争夺蝇头小利，因为一时的愤恨，有的人争吵不止，有的人大动干戈，以至家灭国破，被他人占有，好处何在？那正是因为兄弟智识短浅，贪图小利，因小失大的缘故，岂不是很悲哀吗！《诗经》说："兄弟和睦，家产就会绰绰有余；兄弟不和，就会贫病交加。"指的就是这种情况。子产说："各有理由，年龄小，地位低的有罪。"如此说来，兄弟争斗，虽然都有罪过，但是弟弟的过错更大！今世兄弟不和，多半因为异母或前后嫡庶母互相憎恨、嫉妒引起的。母亲对孩子的感情各不相同，孩子之间也不会同心同德。

家训启迪

假如是弟弟妹妹，就要尊重哥哥姐姐。不能有优越感，更不能骄蛮无理，干什么事都不把哥哥姐姐放在眼里，为所欲为，不为他人着想。与哥哥姐姐发生争执时，不要利用自己的得宠地位到父母亲面前去"告状"，以免加深兄弟姐妹间的隔阂。

称呼时要有礼貌。称呼自己的哥哥姐姐、堂（表）兄、堂（表）姐，不应直呼姓名或小名，也不能起外号。如果在场的堂（表）兄弟姐妹多，称呼时可能不知在叫谁，可在称谓前加上他（她）的名字，如：俊祥哥哥、惠珍姐姐等。

故事品读

王览争酖

晋朝王览，他有个同父异母的哥哥叫王祥，王览对兄长很尊敬。王祥侍奉后母非常孝顺，而后母却对王祥非常不好，经常打王祥。王览看到了，就流着眼泪抱着哥哥哭。后母变本加厉地使唤王祥，王览就与王祥一起去做。后母对王祥的虐待不仅在小的时候，到了王祥成年娶了妻子以后，对王祥和他的妻子也是非常严厉。每一次母亲惩罚大哥，王览都带着妻子过来帮忙，尽心调和他们之间的关系，化解危机。

王祥的道德学问日益提升，后母起了个坏念头，因为王祥的名声越好，往后她的恶名就越昭彰。于是就在酒里下了毒，要给王祥喝，被弟弟王览发现，情急之下把毒酒夺过来自己要当场喝下去，替哥哥去死。这时后母立刻把酒打翻在地，恐怕自己亲生的儿子被毒死。见此情形，后母也很惭愧，心想，我时时想致王祥于死地，而我的儿子却用生命来保护王祥！兄弟之情终于感化了后母，当场后母和两个兄弟抱在一起痛哭流涕。所以，唯有德行、唯有真诚才能化解人生的灾难。

后来王祥和王览都在朝廷里当官。有一位大官叫吕虔，送给王祥一把作为传家之宝的佩剑，告诉他，拥有这把宝剑的人子孙非常发达和荣显。结果，王祥回去之后马上把宝剑给了弟弟。史书记载，王祥和王览的后代九世都是公卿。

王览的行为非常难得，而王览的妻子与丈夫同心，尤其难得，他的后代都因能恪守祖宗的孝、悌精神而发达。

拓展阅读

【原文】

兄道友，弟道恭，兄弟睦，孝在中。

——《弟子规》

【译文】

作为哥哥姐姐的道，是要友爱关心弟弟妹妹；作为弟弟妹妹

的道，是要懂得恭敬尊重哥哥姐姐，兄弟姐妹之间要能做到和睦相处，父母自然欢喜高兴，孝敬之道就在其中了。

夫妻贤德

“夫妇之际，人道之大伦也。”古代女子讲求三从四德，三从指“未嫁从父”“既嫁从夫”“夫死从子”（《仪礼·丧服·子夏传》），四德是“妇德”“妇言”“妇容”“妇功”（《周礼·天官·九嫔》）。此篇中，作者也提到了身为妻子应尊崇的六德：一是温柔顺从，二是清白无污，三是无嫉妒之心，四是勤俭节约，五是谦恭谨慎，六是勤劳。虽然这些都是封建礼教对妇女的要求，但其中的积极内涵，对于今日的新时代女性也不无裨益，可以有所借鉴。

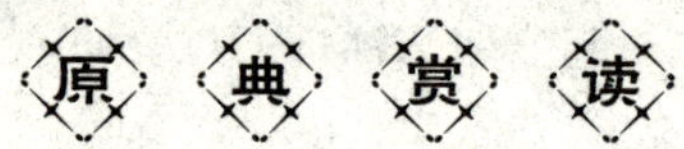

夫妻（节选）

【原文】

夫妇之道，天地之大义，风化之本原也，可不重欤！《易》：“艮下兑上，咸。彖曰：止而说，男下女，故取女吉也。巽下震上，恒。彖曰：刚上而柔下，雷风相与。”盖久常之道也。是故礼，婿冕而亲迎，御轮三周，所以下之也。既而婿乘车先行，妇车从之，反尊卑之正也。《家人》：“初九，闲有家，悔亡。”正家之道，靡不在初。初而骄之，至于狼犺，浸不可制，非一朝一夕之所致也。昔舜为匹夫，耕渔于田泽之中，妻天子之二女，使之行妇道于翁姑，非身率以礼义，能如是乎？

【译文】

夫妇的立身处世之道，是天地间最大的道义，也是风俗教化的根本，能不重视吗？《周易》："艮在下兑在上，是咸卦。彖传说：男女交往既有节制又互相愉悦，男子谦卑地向女子求婚，因此娶妻子就吉利。巽在下震在上，是恒卦。彖传说：男子在上，女子在下，是雷和风的结合。"这大概是永恒不变的道理。因此礼法规定：新郎戴上礼帽，迎亲的时候要驾车绕行几周，目的是为了向新娘表示谦恭。既而新郎乘车走在前面，新娘坐车跟在后面，又是为了表明男尊女卑。《家人》："处于一位的阳爻表现的是：在整治家庭时，要注意防止妻子的空闲无聊，那样就不会产生悔恨。"端正家风的办法，就是一开始成家时就要从严管理。成家伊始就娇惯妻子，以至于妻子放荡恣肆，不可遏制。并非一朝一夕就会导致出现这样的情况，而是长时间没管好的恶果。古时候虞舜身为平民之时，亲自在田地之中耕田养鱼，他娶了天子的两个女儿做妻子，要她们在公婆面前履行妇道，如果他自己不遵守礼义，妻子能顺从吗？

【原文】

汉鲍宣妻桓氏，字少君。宣尝就少君父学，父奇其清苦，故以女妻之，装送资贿甚盛。宣不悦，谓妻曰："少君生富骄，习美饰，而吾实贫贱，不敢当礼。"妻曰："大人以先生修德守约，故使贱妾侍执巾栉，既奉承君子，唯命是从。"宣笑曰："能如是，是吾志也。"妻乃悉归侍御服饰，更着短布裳，与宣共挽鹿车，归乡里。拜姑礼毕，提瓮出汲，修行妇道，乡邦称之。

【译文】

西汉鲍宣的妻子桓氏，字少君。鲍宣曾跟随少君的父亲读书学习，父亲欣赏他的勤奋好学，就把女儿少君嫁给了他。少君的嫁妆非常丰厚，鲍宣心里不高兴，就对妻子说："你生在富贵之家，习惯穿着漂亮的衣服，可是我非常贫穷，不敢和你生活。"妻子说："父亲因为你品德高尚、很守信用，所以就让我来侍奉你，既然做了你的妻子，什么事情我都听你的。"鲍宣这才笑着说："你能这样，我就心满意足了，"少君将那些贵族服装全部送回娘家，穿上了平民服装，与鲍宣一起挽着鹿车，回到家乡。她拜完婆母，就打水做饭，履行为妇之道，乡里之人对她都大为称赞。

【原文】

扶风梁鸿，家贫而介洁。势家慕其高节，多欲妻之，鸿并绝不许。同县孟氏有女，状肥丑而黑，力举石臼，择对不嫁，行年三十。父母问其故，女曰："欲得贤如梁伯鸾者。"鸿闻而聘之。女求作布衣麻屦，织作筐篚缉绩之具。及嫁，始以装饰，入门七日，而鸿不答。妻乃跪床下请曰："窃闻夫子高义，简斥数妇，妾亦偃蹇数夫矣。今而见择，敢不请罪？"鸿曰："吾欲裘褐之人，可与俱隐深山者尔。今乃衣绮缟，傅粉墨，岂鸿所愿哉？"妻曰："以观夫子之志耳。妾自有隐居之服。"乃更椎髻，着布衣，操作具而前。鸿大喜，曰："此真梁鸿之妻也！能奉我矣！"字之曰"德曜"，遂与偕隐。是皆能正其初者也。夫妇之际，以敬为美。

【译文】

东汉扶风人梁鸿，家里虽然非常困苦，但是志向高远。那些有权有势的人家仰慕他的品行高尚，都愿意把女儿嫁给他，可是他一律拒绝。同县孟氏有个女儿，长得又胖又黑又丑，力气很大，能举起石臼，家里给她选好了对象她却不愿意，年近三十，尚未婚配。父母问她缘由，她说："我想找个像梁鸿那样贤能的人为夫。"梁鸿听说后就和她订了婚。她叫父母给她准备了布衣麻鞋以及筐篚、纺织用具。等到出嫁后，每天都梳妆打扮。进入梁家七天，梁鸿却没有理会她。她于是跪在床边向丈夫请罪说："我听说你志向高洁，回绝了好几个求婚女子，我心性高傲，也回绝了几个求婚男子。如今被你选中为妻，能问问我何过之有吗？"梁鸿回答说："我想娶的是能过平民生活的女子，她能与我一起隐居深山。如今你却穿着绫罗绸缎，涂脂抹粉，哪里是我所愿意看到的呢？"妻子说："我之所以那样打扮，为的是观察你的志向。我自有隐居的服装。"过了一会儿，她头绾椎髻，身穿布衣短裳，手拿用具，走到梁鸿跟前，梁鸿非常高兴，说：“这才是我梁鸿喜欢的妻子！你可以侍奉我了。”将妻子取字为“德曜”，然后和她一起隐居深山。像这样的夫妻一开始就能够从严要求，日后才会生活美满。夫妻之间，以相敬如宾为美德。

【原文】

汉梁鸿避地于吴，依大家皋伯通，居庑下，为人赁舂。每归，妻为具食，不敢于鸿前仰视，举案齐眉。伯通察而异之，曰：“彼佣，能使其妻敬之如此，非凡人也。”乃方舍之于家。

【译文】

东汉梁鸿到吴地避乱，投靠富豪皋伯通，寄居他家廊房里面，靠为人舂米为生。梁鸿每次舂米回来，妻子都为他准备好了饭菜，不敢仰视丈夫一眼，将盛饭菜的托盘高高举起，送到丈夫跟前。伯通发觉后颇为惊异，说：“他一个佣人，尚且能让他的妻子如此敬重他，看来他不是平凡之人。”于是伯通就让梁鸿住进家里。

【原文】

晋太宰何曾，闺门整肃，自少及长，无声乐嬖幸之好。年老之后，与妻相见，皆正衣冠，相待如宾，己南向，妻北面再拜，上酒，酬酢既毕，便出。一岁如此者，不过再三焉。若此，可谓能敬矣！

【译文】

西晋太宰何曾家风严谨，闺门整肃，全家之人，自少至长，没有哪一个人喜欢声乐、宠爱奴婢。何曾年老之后，每次与妻子会面，都要端正衣冠，与妻子相敬如宾。他自己面南而坐，妻子面北再拜，端上酒来，互相敬酒之后，方才外出。夫妇之间如此这般地互相行礼，一年之中不过两三次。像这样的夫妻，可谓是相敬如宾。

【原文】

丈夫生而有四方之志，威令所施，大者天下，小者一官，而近不行于室家，为一妇人所制，不亦可羞哉！昔晋惠帝为贾后所制，废武悼杨太后于金墉，绝膳而终。囚愍怀太子于许昌，寻杀之。唐肃宗为张后所制，迁上皇于西内，以忧崩。建宁王倓以忠孝受诛。彼二君者，贵为天子，制于悍妻，上不能保其亲，下不能庇其子，况于臣民！自古及今，以悍妻而乖离六亲、败乱其家者，可胜数哉？然则悍妻之为害大也。故凡娶妻，不可不慎择也。既娶而防之以礼，不可不在其初也。其或骄纵悍戾，训厉禁约而终不从，不可以不弃也。夫妇以义合，义绝则离之。

【译文】

男子生来志在四方，发号施令，大至国家，小至一个官员的执掌，然而其号令却在家里行不通，为一个妇女所控制，不也令人感到很羞耻吗？古代晋惠帝被贾后控制，废掉武悼杨太后，使她在金墉绝食而死。将愍怀太子囚禁在许昌，寻到机会就杀了他。唐肃宗受张后的控制，把父皇迁到太极宫内以致玄宗忧郁而死。建宁王倓也因为忠诚父皇被杀。那两个君王身为天子，被凶悍的妻子控制，肃宗上不能保护他的父亲，下不能庇护他的儿子，何况一般百姓呢！从古到今，因为家有悍妻而背离六亲、败坏家庭的人，难道还少吗。悍妻的危害实在太大了。因此，男子娶妻，不能不慎重选择。娶妻之后为了防止她变坏，用礼节教导她，新婚伊始就必须对妻子约法三章。妻子骄纵悍戾，丈夫训厉禁约，却仍然不听，丈夫就要休妻。夫妇之间情义很深就在一起生活，没有情义就只好分离。

【原文】

太史公曰：“夏之兴也以涂山，而桀之放也以妺喜；殷之兴也以有娀，纣之杀也嬖妲己；周之兴也以姜嫄及大任，而幽王之擒也，淫于褒姒。故《易》基乾坤，《诗》始关雎。夫妇之际，人道之大伦也。礼之用，唯婚姻为兢兢。夫乐调而四时和，阴阳之变，万物之统也，可不慎欤?”为人妻者，其德有六：一曰柔顺，二曰清洁，三曰不妒，四曰俭约，五曰恭谨，六曰勤劳。夫天也，妻地也。夫日也，妻月也。夫阳也，妻阴也。天尊而处上，地卑而处下。日无盈亏，月有圆缺。阳唱而生物，阴和而成物。故妇人专以柔顺为德，不以强辩为美也。

【译文】

司马迁说：“夏朝的繁荣，功在涂山，桀的流放，罪在妹喜；商朝的兴起，功归有娀，纣的被杀，罪在宠爱妲己；周代的兴起是因为姜嫄堪当大任，而幽王的被擒，是因为褒姒的荒淫。因此《周易》基于乾坤八卦，《诗经》始于关雎之篇。夫妻之间的交往之道，是人类社会道德规范的最高原则。礼法用于婚姻，只在于对待婚姻要小心谨慎。乐调节，则四时和，阴阳的变化，制约万物，能不慎重吗?”作为妻子，她的品德共有六种：一是柔顺，二是清洁，三是不嫉妒，四是勤俭节约，五是恭谨，六是勤劳。丈夫如天空，妻子像大地。丈夫是太阳，妻子是月亮。丈夫阳刚，妻子温柔。天高而居上，地卑而处下。太阳没有盈亏，月亮却有圆缺。太阳出来，万物复苏，月亮生辉，谷物成熟。因此妻子以温柔顺从为美德，以强词狡辩为丑品。

【原文】

汉曹大家作《女戒》，曰：“阴阳殊性，男女异行。阳以刚为德，阴以柔为用。男以强为贵，女以弱为美。故鄙谚有云：‘生男如狼，犹恐其尪；生女如鼠，犹恐其虎。’然则修身莫若敬，避强莫若顺。故曰：敬顺之道，妇人之大礼也。”又曰：“妇人之得意于夫主，由舅姑之爱己也。舅姑之爱己也，由叔妹之誉己也。”由此言之，我臧否誉毁，一由叔妹。叔妹之心，诚不可失也。皆知叔妹之不可失，而不能和之以求亲，其蔽也哉！自非圣人，鲜能无过，虽以贤女之行、聪哲之性，其能备乎！是故室人和则谤掩，外内离则恶扬，此必然之势也。夫叔妹者，体敌而名尊，恩疏而义亲，若淑媛谦顺之人，则能依义以笃好，崇恩以结援，使徽美显章，而瑕过隐塞，舅姑矜善，而夫主嘉美，声誉曜于邑邻，休光延于父母。若夫蠢愚之人，于叔则托名以自高，于妹则因宠以骄盈。

【译文】

东汉曹大家著有《女戒》，说："阴阳性质不同，男女行为有别。阳以刚强为德，阴以柔顺为用。男子以强健为贵，女子以温柔为美。因此有句谚语说：'生个男孩像豺狼，还害怕他软弱如蛇；生个女孩像老鼠，还害怕她成为老虎。'修养自身莫如恭敬，躲避强横莫若温顺。所以说：恭敬柔顺之道，是为人妻子的最大礼义。"又说："妻子受到丈夫的宠爱，是因为得到了公婆的喜爱。公婆喜爱自己，又是因为小叔小姑称赞自己。"由此可见，妻子的褒贬誉毁，完全在于小叔小姑。小叔小姑的爱心，确实不能失去。每个妻子都知道不能失去小叔小姑的爱心，却不能够温和地对待他们，岂不是大错特错吗？妻子并非圣人，怎能没有过错？即使有贤女的品行、聪慧的性情，也难以成为没有缺点的完人。因此妻子只要得到家人的信赖，她的过错就不会外传，倘若得不到家人的喜爱，她的过错就会传扬出去，这是必然的趋势。小叔小姑和嫂子之间，内心充满敌意，而表面上假装尊重；表面上恩情淡薄，而内心重视亲近，若是贤淑、谦顺的妻子，和小叔小姑友好相处，崇恩结援，使自己的美德远扬，错误隐塞，以至于公婆夸奖自己，丈夫赞扬自己，声誉传播乡邻，荣耀延及父母。若是愚蠢的妻子，在小叔面前居高自大，在小姑跟前因宠骄盈。

家训启迪

自古言：家和万事兴。一家之中，夫妻关系最为重要。为夫为妻若都能尽到本分，家中便没有不和之理。当丈夫处在穷途未达之际，妻子不要忧叹世道艰难，以免伤其锐志，不要责怪丈夫无能，以免伤其自尊；而要始终温暖如春，坚信丈夫终有出头之日，甚至为了丈夫谋取更大前程，私下典尽家资也在所不惜，这才是患难与共、义薄云天的贤妻良友，充分显示出家庭的坚强与温暖！

“敬顺之道，妇人之大礼也。”恭敬温顺，是身为人妻应尊崇的最大礼节。无论对于丈夫，还是对于公婆以及小姑小叔，如果贤淑谦顺，和他们友好相处，“崇恩结援”，就会使自己美德显扬，过错隐塞，公婆夸奖，丈夫赞扬，声誉光耀邻里，荣耀延及父母。而如果“于叔则托名以自高，于妹则因宠以骄盈”，便可以说是愚钝之人，最终会作茧自缚。

妻子之所以能得到丈夫的爱，不是靠谄媚逢迎，而是做到了“专心正色，礼义贞洁”，在家有在家的样子，外出有外出的样子。只有将这一点做得适度合理才算得上一个好妻子。作为丈夫也当尽职尽责，能担当家庭重任，也能忧家思一；孝亲、友弟，更能疼爱妻子，爱护孩子；这样才能真正做到夫妻贤德，兴家建业。

故事品读

少娣化嫂

宋朝时候，有一个女子姓崔名少娣，嫁到苏家去做媳妇，她的丈夫弟兄共有五个，已经娶了四个嫂嫂，家庭里面很不和睦，每天都有争闹的事情发生。

崔氏初嫁到苏家来的时候，人家都替她担忧，可是崔少娣对待四位嫂嫂很有礼貌，看到她们需要东西使用的时候，都能把自己所有的送给她们。

婆婆差嫂嫂们去料理家务，如舂米的时候，崔少娣都争先去做，她说：“我是最后来的媳妇，应该格外辛劳的。”她在嫂嫂没有吃过饭以前，她不肯先吃，有时听到嫂嫂的怨言，她老是笑着，一句话也不说。

有时年幼的侄儿，把尿便在她的衣服上，她也一点儿没有可惜衣服的意思。但是有下人到她那儿搬弄是非的，她就用家法惩罚他们。

这样做了一年多的媳妇，四位嫂嫂都惭愧了，大家说五婶婶是个大贤大德的人，于是大家都很和睦了。

拓展阅读

【原文】

丈夫或一时未达，此不得意之以岁计者也。或一小事拂，此不得意之日计者也。为妻者宜为好语劝谕之，勿增慨叹以助郁抑，勿加诮让以致愤激。但当愉愉煦煦，云：“吾夫自有好日，自有人谅。”方为贤妻如对良友也。其或一时阙，竭力典质措办，勿待其言，毋令其知。

——《新妇谱》

【译文】

丈夫或许一时没有发达，这种不得意的时间常常要以年为单位来计算。如有一些小事不如意，这种不得意的时间以天来计算。作为妻子应该以好言好语来劝勉他，不要总是忧叹来增加他的郁闷和压抑，不要加以责备而使他更愤怒和偏激。而应该和悦且温暖地对他说：“我丈夫自有好起来的一天，自然有人能体谅你。”这才是贤妻对丈夫如同良友的行为。他或许一时间缺乏资财，妻子要尽力典押家资筹措钱财，不要等他开口说出，也不要让他知道。

第五章

曾国藩家训

《曾国藩家训》是《曾国藩家书》中的精品，在《家书》中，曾国藩戏试兄弟要立志修身、待人心诚，要能够耐劳忍气，谨慎行事，这些观点即使对今人仍有一定的借鉴意义。

【作者简介】

曾国藩，字伯涵，号涤生，谥文正，湖南省长沙府湘乡县人。晚清重臣，湘军的创立者和统帅。清朝军事家、理学家、政治家、书法家、文学家，晚清散文“湘乡派”的创立人。

曾国藩率领湘军剿灭太平天国运动，后官至两江总督、直隶总督、武英殿大学士，封一等毅勇侯。曾国藩为人处世以谦退为本，又兼品行高尚，被封建士大夫称为“完人”，为历代人士所推崇。青年时期的毛泽东就曾说：“愚于近人，独服曾文正。”

曾国藩一生十分重视家庭教育，在军政工作之余，写了近千封家书，内容涉及政治、军事、经济、文化、教育等方面，其中专门讲家庭教育而风行于世的家书就有近三百三十余封。

曾国藩的家书是中国家训史上影响最大、流传最广的家书，这不仅与他的名望有关，更与其家书的家庭教育价值有关。因受篇幅所限，这里仅选录其中最著名的几篇家书以飨读者。

孝敬为本，严守亲训

在曾国藩的家书中，向父母报平安、拉家常的信占了大半，其次就是写给弟弟以及晚辈的信。父母在曾国藩的心中非常重要，不论是在外求学，还是在外做官，他都经常给家人写信，不让父母担心。曾国藩说：“父母是出于对你的担心，才对你十分关切。他们需要的不是你的银两，而是你向他们报平安的这份心啊。你想想，哪个孩子不是父母心头的一块肉？如果父母与孩子失去了联系，那么父母的心里就会焦灼不安，比自己生病还要难受。做儿女的，如果不能理解父母的心意，那就是不孝。”

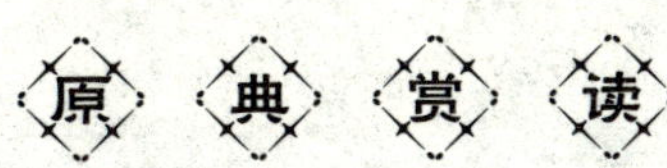

【原文】

男国藩跪禀：

父亲大人万福金安。

自闰三月十四日，在都门拜送父亲，嗣后共接家信五封。十五日接四弟在涟滨所发信，系第二号，始知正月信已失矣；廿二日接父亲在二十里铺发信；四月廿八信已刻接在汉口寄曹颖生家信；申刻又接在汴梁寄信；五月十五日，接父亲到长沙发信，内有四弟信、六弟文章五首，谨悉祖父母大人康强，家中老幼平安，诸弟读书发奋，并喜父亲出京一路顺畅，自京至省，仅三十余日，真极神速。

迩际男身体如常。每夜早眠，起亦渐早。惟不耐久思，思多则头昏。故常冥心于无用，优游涵养，以谨守父亲保身之训。

九弟功课有常。《礼记》九本已点完，《鉴》已看至三国，《斯文精粹》诗、文各已读半本。诗略进功，文章未进功，男亦不求速效。观其领悟，已有心得，大约手不从心耳。

甲三于四月下旬能行走，不须扶持，尚未能言。无乳可食每日一粥两饭。家妇身体亦好，已有梦熊之喜。婢仆皆如故。

今年新进士龙翰臣得状元，系前任湘乡知县见田年伯之世兄。同乡六人，得四庶常、两知县。复试单已于闰三月十六付回，兹又付呈殿试朝考全单。同乡京官如故，郑莘田给谏服阙来京。梅霖生病势沉重，深为可虑。黎樾乔老前辈处，父亲未去辞行，男已道达此意。广东之事，四月十八日得捷音，兹将抄报付回。

男等在京自知谨慎，堂上各老人不必挂怀。家中事，兰姊去年生育，是男是女？楚善事如何成就？伏望示知。男谨禀，即请母亲大人万福金安。

道光二十一年五月十八日

【译文】

儿子国藩跪地禀告：

父亲大人万福金安。

自从闰三月十四日，在京城城门拜送父亲回家，随后五封家信全接到了。十五日接到四弟从涟滨发出的信，看来是第二封，这才知道已经遗失了正月里寄出的信；二十二日接到父亲在二十里铺所发的信；四月二十八日巳刻又接到家中从汉口寄到曹颖生家的信；申刻又收到从汴梁寄来的信；五月十五日，接到父亲到达长沙后发出的信，四弟的信也在其中，还有六弟的五篇文章。从信中谨知祖父母大人身体康健，家中一切安康，诸位弟弟都发奋读书，并且令人欣喜的是，父亲离京后一路顺风，从京城到省城，只用了三十多天的时间，真是神速啊。

近来儿子身体和平常一样，每晚都早早入睡，起得也渐早。唯一不尽如人意的就是不能用脑过度，思虑过多便头昏脑涨。所以静心养神便是常事，不让脑子想任何事情，修身养性，谨遵父亲所教导的保身之训。

九弟的功课一如往常，《礼记》九本已读完，《鉴》已看到三国部分，也读了半本《斯文精粹》的诗文。诗歌稍有进步，文章依旧停滞不前，但我并不求他的学问能速见成效。看他对学问的领悟程度，心得只怕早有，之所以没有什么大的进步，大概是手不从心，表达不出来的缘故吧。

甲三在四月下旬已能下地行走，无须别人搀扶，只是还不能说话。因为没有奶吃，所以每天一顿粥、两顿饭。我的妻子近来身体也好，已经有了生男孩的喜兆。婢女仆从都与原来一样，没什么变动。

今年的状元是新进士龙翰臣，此人是前任湘乡知县见田年伯的世兄，同乡六个，四个得了庶常，两个担任知县。闰三月十六日已经寄回复试单，现又寄回殿试朝考的全部名册。同乡们在京城担任的官职大致未变。郑莘田给事中丧期服完之后已回到京城。

可是梅霖的病却是日渐严重，让人很是担忧。黎樾乔老前辈那里，父亲无暇前去辞行，儿子已代为表达歉意。至于广东之事，四月十八日已经传来捷报，谨将抄报寄回，供父亲垂览。

儿等在京城为官，对教诲自当遵从，谨慎从事。堂上各位老人，无须挂念。家里的事我还有很多不知道的，兰姐去年生育，所得是男是女？到底最后如何成全楚善的事？儿子非常希望父亲大人来信告知。儿子谨禀，叩请母亲大人万福金安。

道光二十一年五月十八日

家训启迪

正如曾国藩所说的，父母对子女的要求并不多，只要子女时常跟他们聊聊天、说说话，告诉一下他们自己的近况，他们也就满足了。

为了让父母能够得到一些心灵上的慰藉，消除他们心中的落寞感，我们不妨给他们一点小惊喜，给他们制造一点小浪漫，带他们出去散散步、旅旅游，或者送他们一些自己亲手做的小礼物，相信父母一定会感受到子女对他们的爱。

对待父母，很多感激的话没办法当面说出口，很多的情感也没有办法用语言来表达。如果没有办法将对父母的心意说出来，我们也可以学习一下曾国藩，用实际行动让父母感觉到自己对他们的爱。

每个人都知道要孝顺父母，牢记父母的年龄，一方面会因为高堂健在而高兴，另一方面又会为他们已入暮年而忧惧。如果我们内心对父母有爱，那就马上行动，不要等到明天。

故事品读

曹王皋为母分忧

俗话说“儿行千里母担忧”，但实际上呢，不用行千里，父母也会时时牵挂着我们的生活，甚至可以说，哪怕我们偶尔一次不能像往常那样准时回家，父母都会因此焦虑。对于父母的这种担忧之情，我们怎么做才是孝顺呢？在这个问题上，唐朝时期的衡州刺史曹王皋就做得很好。

作为衡州的刺史，曹王皋时时处处为百姓着想，深受百姓的爱戴和拥护，政绩非常突出，不仅受老百姓爱戴，更受皇帝的信任。

可是树大招风，他自己优秀了必定会有嫉妒他的人，朝中有一位官员就十分嫉妒他的才能和政绩，就设计陷害他，说他触犯了王法。皇帝听信了那位官员的谗言，把他贬到了潮州。

当时曹王皋的母亲年纪已经很大，为了不让母亲替他担忧，曹王皋故意告诉母亲他升了官，并假装高兴地向母亲辞行。后来，每当他回家看望母亲的时候，就换下囚服，穿上官衣。对于他被贬一事，他的母亲一直毫不知情。他想让母亲不为自己担心，哪怕自己受累也没有关系。

后来，杨言做了宰相，由于杨言知道曹王皋为人耿直，可能无意中得罪了人才遭贬的，于是就奏请皇上说曹王皋有治国之才，希望能让他官复原职，后来皇上同意了杨言所奏，曹王皋官复原职。

没想到，曹王皋官复原职的消息很快传到了他母亲的耳朵里，等到他一回到家，母亲就祝贺他，曹王皋知道母亲已经知道了真相，就跪在地上请求母亲的原谅。他的母亲不禁为儿子的一片孝心所感动。

拓展阅读

【原文】

长者问，对勿欺；长者令，行勿迟；长者赐，不敢辞。

——周秉清

【译文】

长辈的问话，回答时不要欺骗他们；长辈吩咐自己做的事，就应该尽快地为他们做好；长辈赠送给自己的东西，就不应该拒绝。

谦谨为本，处世之法

人不论贵贱，都有自尊心，所以与人相处，最忌伤害对方的自尊。若想不伤别人的自尊，则必得以谦对人，切不可以傲凌人。“凡傲之凌物，不必定以言语加入，有以神气凌之者，有以面色凌之者。”这些都要戒除。要想不凌人，无傲气，则必须“中心不可有所恃，心有所恃则达于面貌。”必会在有意无意间凌人伤人。除了戒除以傲凌人伤人外，还得注意切不可以言语伤人。荀子曾言：伤人之言，深于矛戟。故言语伤人，切不可等闲视之。无傲气，谨言语，则不会竖敌造成人际关系紧张，于人于己都有好处。望学人谨记之。

【原文】

四位老弟足下：

前次回信内有四弟诗，想已收到。九月家信有送率五诗五首，想已阅过。吾人为学最要虚心。尝见朋友中有美材者，往往恃才傲物，动谓人不如己，见乡墨则骂乡墨不通，见会墨则骂会墨不通，既骂房官，又骂主考，未入学者则骂学院。平心而论，己之所为诗文，实亦无胜人之处；不特无胜人之处，而且有不堪对人之处。只为不肯反求诸己，便都见得人家不是，既骂考官，又骂同考而先得者。傲气既长，终不进功，所以潦倒一生而无寸进矣。

余生平科名极为顺遂，惟小考七次始售。然每次不进，未尝敢出一怨言，但深愧自己试场之诗文太丑而已。至今思之，如芒在背。当时之不敢怨言，诸弟问父亲、叔父及朱尧阶便知。盖场屋之中，只有文丑而侥幸者，断无文佳而埋没者，此一定之理也。

三房十四叔非不勤读，只为傲气太胜，自满自足，遂不能有所成。京城之中，亦多有自满之人，识者见之，发一冷笑而已。又有当名士者，鄙科名为粪土，或好作诗古文，或好讲考据，或好谈理学，嚣嚣然自以为压倒一切矣。自识者观之，彼其所造，曾无几何，亦足发一冷笑而已。故吾人用功，力除傲气，力戒自满，毋为人所冷笑，乃有进步也。诸弟平日皆恂恂退让，第累年小试不售，恐因愤激之久，致生骄惰之气，故特作书戒之。务望细思吾言而深省焉。幸甚幸甚。国藩手草。

道光二十四年十月廿一日

【译文】

四位老弟足下：

前次回信，里面有四弟的诗，想必已收到了。九月里给家中的信中有五首诗送给率五，想必也都看过了。我们做学问，虚心最重要。我曾看到朋友中有一些颇有才华的人，总是凭借自己有一点才华，便看不起别人，动不动就说别人不如自己，这些人不管是乡试还是会试，都骂人家言语不通，不仅骂房官，也骂主考官，考不中就骂学院。平心静气地说，这种人自己写的诗文也不比别人好，而且有些根本就羞于示人。但他们就是不肯反过来要求自己，总说别人不好，既骂考官，也骂同科率先考中之人。人要有了骄傲之气，便不会有进步，结果只能失意潦倒一生，碌碌无为，人生也不会有任何转机。

我这一生在科名上还算顺利，只是在小考时考了七次才成功。不过，每次考试失利时一句抱怨的话都没说过，只惭愧自己在考试时不能写很好的诗文。现在想起来，还为当时的自己感到难过。当时虽屡遭失败，但一句怨言都不敢有，此事确属事实，几位弟弟问问父亲、叔父和朱尧阶就会知道。考场中只有以拙劣的文章侥幸得中的人，没有有出色的文采而被埋没的人，这个道理千古不变。

三房的十四叔，读书也很勤快，只是傲气太重，自我满足，因而，终究一无所成。京城里有傲气的人也很多，有见识的人见了，只以冷笑回之。还有的人自诩名士，用粪土比喻科名，他们有的喜欢作古诗，有的喜欢讲考据，有的还喜欢谈理学，招摇过市，喧闹张扬，想着自己比所有人都强。在有见识的人看来，这些人只是沽名钓誉，只不过让人冷冷一笑罢了。所以我们应当一心用功，尽力消除傲气，防止自满，这样才不会让别人看笑话，才能进步。几个弟弟平日都是恭恭敬敬，几次小考都不如意，我怕你们会因长期不满而养成骄惰的习气，所以特地写这封信给你们来防止这种情绪滋生。你们定要想想我的这些话，深刻地反省一下。如若能够做到，那才是幸运。国藩手草。

道光二十四年十月二十一日

【原文】

沅甫九弟左右：

初三日刘福一等归，接来信，藉悉一切。城贼围困已久，计不久亦可攻克。惟严断文报是第一要义，弟当以身先之。

家中四宅平安。季弟尚在湘潭，澄弟初二日自县城归矣。余身体不适。初二日住白玉堂，夜不成寐。温弟何日至吉安？在县城、长沙等处尚顺遂否？

古来言凶德致败者约有二端：曰长傲，曰多言。丹朱之不肖，曰傲，曰嚚讼，即多言也。历观名公巨卿，多以此二端败家丧生。余生平颇病执拗，德之傲也；不甚多言，而笔下亦略近乎嚚讼。静中默省我之愆尤，处处获戾，其源不外此二者。温弟性格略与我相似，而发言尤为尖刻。凡傲之凌物，不必定以言语加人，有以神气凌之者矣，有以面色凌之者矣。温弟之神气，稍有英发之姿，面色间有蛮狠之象，最易凌人。凡中心不可有所恃，心有所恃则达于面貌。以门第言，我之物望大减，方且恐为子弟之累；以才识言，近今军中炼出人才颇多，弟等亦无过人之处，皆不可恃。只宜抑然自下，一味言忠信，行笃敬，庶几可以遮护旧失，整顿新气。否则，人皆厌薄之矣。沅弟持躬涉世，差为妥洽。温弟则谈笑讥讽，要强充老手，犹不免有旧习。不可不猛省！不可不痛改！闻在县有随意嘲讽之事，有怪人差帖之意，急宜惩之。余在军多年，岂无一节可取？只因傲之一字，百无一成，故谆谆教诸弟以为戒也。九弟妇近已全好，无劳挂念。沅在营宜整刷精神，不可懈怠。至嘱。兄国藩手草。

咸丰八年三月初六日

【译文】

沅甫九弟左右：

初三这天，刘福一等人自军中回来，你的来信我已收到，由此信中知晓一切。城内敌人已被围困多日，攻克也只待数日。这时候，断绝敌军情报是最重要的事，弟弟应当亲自出马，以免出现差错。

家中所有人皆平安无事。季弟仍在湘潭，澄弟初二从县城归来。我身体有些不舒服，初二住在白玉堂，夜晚睡觉总失眠。温弟哪天能到达吉安？在县城、长沙等地的行程还顺利吗？

自古以来，有两条极坏的德行导致失败：一是骄傲，二是多言。丹朱不成材，就是因为他“傲”，因为他“嚣讼”，也就是多言的意思。历数各个朝代声名显赫的公卿大臣，大多因为这两条而身败名裂。我的毛病便是固执，而且很是高傲；虽然从不多说闲话，但是笔下近乎“嚣讼”。有时静心默默反省自己，发现我的种种过失，这两个便是根源。温弟的性情与我有很多相似之处，但却具有更尖刻的言辞。人显出傲气凌人之势，并非单单通过言语来表现，也有以神气凌人的，也有以脸色凌人的。温弟英姿勃发，蛮横之相却显现于脸色，最易给人盛气凌人之感。心中决不可有所依恃，心中有所依恃便在表面自然显现。以门第而论，我的声望大减，恐怕子弟们受到连累的也有很多；以才识而论，近来军队里锻炼出来的人才有很多，弟弟等也没有明显的过人之处，都没有可倚仗的。只能抑制自己，坚守忠信礼仪，行事诚笃敬谨，才能遮盖自己的过失，显出新气象。否则，自身会遭到轻视，甚至鄙视。沅弟为人处世谨慎小心，很是稳妥，让人放心。而温弟却时常与人谈笑讥讽，强充老手，不免沾染旧的坏习气，所以必须狠狠反省！即刻痛改前非！我还听说温弟在县城时，对别人肆加嘲讽，此做法应迅速改正。想我在军中辛苦多年，怎么一点可取之处都没呢？正因为“傲”字而百事无成。所以谆谆教导诸弟引以为戒。近日，九弟妻之病已经痊愈，无须担心。沅弟在军营中应进行整顿，以振奋精神，不可有丝毫懈怠。极恳切地嘱咐。兄国藩手草。

咸丰八年三月初六日

【原文】

沅、季弟左右：

恒营专人来，接弟各一信并季所寄干鱼，喜慰之至。久不见此物，两弟各寄一次，从此山人足鱼矣。

沅弟以我切责之缄，痛自引咎，惧蹈危机而思自进于谨言慎行之路，能如是，是弟终身载福之道，而吾家之幸也。季弟信亦平和温雅，远胜往年傲岸气象。

吾于道光十九年十一月初二日进京散馆，十月二十八早侍祖父星冈公于阶前，请曰：“此次进京，求公教训。”星冈公曰：“尔的官是做不尽的，尔的才是好的，但不可傲。满招损，谦受益，尔若不傲，更好全了。”遗训不远，至今尚如耳提面命。今吾谨述此语告诫两弟，总以除傲字为第一义。唐虞之恶人曰丹朱傲；曰象傲；桀纣之无道，曰强足以拒谏，辨足以饰非，曰谓已有天命，谓敬不足行，皆傲也。吾自八年六月再出，即力戒惰字以儆无恒之弊。近来又力戒傲字。昨日徽州未败之前，次青心中不免有自是之见，既败之后，余益加猛省。大约军事之败，非傲即惰，二者必居其一；巨室之败，非傲即惰，二者必居其一。

余于初六日所发之折，十月初可奉谕旨。余若奉旨派出，十日即须成行。兄弟远别，未知相见何日。惟愿两弟戒此二字，并戒各后辈常守家规，则余心大慰耳。

咸丰十年九月廿四日

【译文】

沅弟、季弟左右：

近日恒营派专人送来两弟各一封信，还有季弟寄来的干鱼，心里实在开心。很久没有见过这样的东西了，现在两位弟弟各寄一次，从此山人的鱼也够吃了。

沅弟接到我寄去的劝勉之信，便自我反省，引咎自责，害怕陷入危机，进而谨言慎行以要求自己，沅弟能这样做，会使他一生获益匪浅，也是家门之幸事。季弟的信也是平和温雅，往年傲慢之气大减，也比从前要好得多了。

道光十九年十一月初二，我进京散馆，于十月二十八日早上在台阶前侍陪祖父星冈公，垂首请示说："此次进京，恳求您给予教导训示。"星冈公说："你的官途无尽，才能无限，你的才学不错，但不可骄傲自满。要记住满招损，谦受益的道理。假如你做到谦虚，那就更好了。"祖父虽已去世，但遗训至今仍在我耳边回响。今天我谨以此语来告诫两位弟弟，无论何时要以戒除傲字作为第一要务。唐虞时代的恶人丹朱，很傲慢；有个叫象的，也傲慢；桀纣无道，自以为是，说强足以拒谏、辨足以饰非，说自己有天命，说敬不足行，都是傲的表现。自从八年六月复出以来，我一直在尽力戒惰字，把自己无恒心的毛病戒除。近来又力戒傲字。徽州战役失败以前，次青心中不免有点居功自傲，自以为是；失败之后，我对此反省的更加深入。军事上的失败，大多有很多不可避免的原因，但也有主观因素，必然有傲或惰的缘故。大家族的衰败，其原因也不过如此，非傲即惰，二者必居其一。

我在初六启奏的奏折，估计十月初便能接到圣旨的批复。我如果奉圣旨调往外地，十天之内就要出发。此次兄弟远别，相见又不知何年。只愿二弟戒除这两个字，并训诫各后辈子孙常守家规，那对我来说，就是最大的安慰了。

咸丰十年九月二十四日

【原文】

沅，季弟左右：

帐棚即日赶办，大约五月可解六营，六月再解六营，使新勇略得却暑也。抬小枪之药，与大炮之药，此间并无分别，亦未制造两种药。以后定每月解药三万斤至弟处，当不致更有缺乏。王可升十四日回省，其老营十六可到。到即派往芜湖，免致南岸中段空虚。

雪琴与沅弟嫌隙已深，难遽期其水乳。沅弟所批雪信稿，有是处，亦有未当处。弟谓雪声色俱厉。凡目能见千里，而不能自见其睫，声音笑貌之拒人，每苦于不自见，苦于不自知。雪之厉，雪不自知；沅之声色，恐亦未始不厉，特不自知耳。

曾记咸丰七年冬，余咎骆、文、耆待我之薄，温甫则曰："兄之面色，每予人以难堪。"又记十一年春，树堂深咎张伴山简傲不敬，余则谓树堂面色亦拒人于千里之外。观此二者，则沅弟面色之厉，得无似余与树堂之不自觉乎？

余家目下鼎盛之际，余忝窃将相，沅所统近二万人，季所统四五千人，近世似此者曾有几家？沅弟半年以来，七拜君恩，近世似弟者曾有几人？日中则昃，月盈则亏，吾家亦盈时矣。管子云：斗斛满则人概之，人满则天概之。余谓天之概无形，仍假手于人以概之。霍氏盈满，魏相概之，宣帝概之；诸葛恪盈满，孙峻概之，吴主概之。待他人之来概而后悔之，则已晚矣。

吾家方丰盈之际，不待天之来概、人之来概，吾与诸弟当设法先自概之。

自概之道云何？亦不外清、慎、勤三字而已。吾近将清字改为廉字，慎字改为谦字，勤字改为劳字，尤为明浅，确有可下手之处。

沅弟昔年于银钱取与之际不甚斟酌，朋辈之讥议菲薄，其根实在于此。去冬之买犁头嘴、栗子山，余亦大不谓然。以后宜不妄取分毫，不寄银回家，不多赠亲族，此"廉"字工夫也。

"谦"字存诸中者不可知，其著于外者，约有四端：曰面色，曰言语，曰书函，曰仆从属员。

沅弟一次添招六千人，季弟并未禀明，径招三千人，此在他统领所断做不到者，在弟尚能集事，亦算顺手。而弟等每次来信，索取帐棚子药等件，常多讥讽之词，不平之语，在兄处书函如此，则与别处书函更可知矣。沅弟之仆从随员颇有气焰，面色言语，与人酬接时，吾未及见，而申夫曾述及往年对渠之词气，至今饮憾。以后宜于此四端痛加克治，此谦字工夫也。

每日临睡之时，默数本日劳心者几件，劳力者几件，则知宣勤王事之处无多，更竭诚以图之，此劳字工夫也。

余以名位太隆，常恐祖宗留诒之福自我一人享尽，故将劳、谦、廉三字时时自惕，亦愿两贤弟之用以自惕，且即以自概耳。

湖州于初三日失守，可悯可敬。

同治元年五月十五日

【译文】

沅、季弟左右：

帐棚即日开始采办，解送六个营大约在五月份完成，六月再解送六个营，到时新兵就可以靠此避暑了。小抬枪的火药和大炮的火药，这边并没有区别，两种火药也没有生产。以后一定每月解送火药三万斤到弟弟的军营，缺药的情况不会再有。王可升十四日回省城，他的老营十六日可以到达。到了以后马上派往芜湖，以防南岸中段军力空虚。

在雪琴和沅弟之间有很深的矛盾，一时难以使他们的关系达到水乳交融的地步。沅弟所批雪琴的文稿，对、错的地方都有。弟弟说雪琴声色俱厉。凡眼睛，都可以看到千里之外，却看不见自己的睫毛。声音面貌方面拒人千里之外，而自己却看不见，不知道。雪琴的严厉，雪琴自己并没有意识到；沅弟的声色，恐怕也很严厉，只是不自知而已。

记得咸丰七年的冬天，我埋怨骆、文、耆待我太薄，温甫说：“哥哥常给人难堪的脸色。”还记得十一年春，树堂深怨张伴山怠慢骄傲，不够恭敬，我则说树堂的脸色太过严肃，拒人于千里之外。看这两个例证，那沅弟严厉的脸色，不是如同我与树堂一样，只有自己意识不到吗?

我家正处在鼎盛时候，而我又窃居着将相之位。沅弟统领的军队近两万人，季弟统领五千人。近世有如此盛景的，能有几家?沅弟在半年之内，七次拜受皇恩，近世像老弟你的又有几个？太阳到了正午就要西斜，月亮盈满则要亏损，我家正是盈满的时候。管子说：“斗斛满了，由人去刮平，人自满了，由天去刮平。”我说天刮平是无形的，刮平还得借人之手。霍氏盈满了，由魏相刮平，由宣帝刮平；诸葛恪盈满了，由孙峻刮平，由吴主刮平。于他人刮平之时，再去后悔已经晚了！

我家正处于丰盈的状况，不等天来刮平，也不等别人来刮平，我与诸弟应当设法自己刮平。

我们又如何做到自我刮平呢？也不外乎清、慎、勤三个字而已。我最近将清字改成了廉字，将慎字改成了谦字，勤字改为劳字，更加浅显易懂，这样也有利于实际行动。

沅弟过去对于银钱的收与支，往往不够慎重，朋友们对你讥笑轻视，根源实际上就在这里。去年冬天买犁头嘴、栗子山，对此我很无所谓。以后应当不想看取一丝一毫的钱，不寄钱回家，不多送亲族，这是“廉”字工夫。

谦字存于内心，他人并不可知，但外表也可表现谦，大约有四方面：一是脸色，一是言事，一是书信，一是仆从属员。

沅弟一次添招六千人，季弟并不请示，直接招了三千人，这种事别人做不到，对弟弟而言却能做到，还算顺利。而弟弟每次来信，索要帐篷、火药等东西，经常有讥讽的字句，不平的话语，写在给我的信中还有这样的话，给别人的书信就可以想象了。沅弟的仆从属员，很有嚣张气焰，脸色言语，与人应酬接触之时，我没有看见，而申夫说起往年对他的语气态度，至今仍感到心里不满！以后应在这四个方面痛加改正，“谦”字的工夫应该用在这里。

每天临睡之时，要默默地数一下当日有多少事营心费神，就知道为国家办的事不多，而更要刻苦地去做，这是“劳”字的工夫。

我因为名声太重，地位太高，经常怕我一个人独享祖宗留下来的福泽，所以时常以“劳、谦、廉”三个字自我约束，也希望两位贤弟以此三字自警，并且做到自我勉励。

初三那天，湖州失守，让人听了很是痛惜，但守城将士的勇气令人敬仰。

同治元年五月十五日

家训启迪

关于谦让，老子曾经在《道德经》中有云：“后其身而身先，外其身而身存。”意思就是，做人应当以宽厚为本，尽量不要与人争夺，要留给别人发展的余地，正是由于自身宽厚待人，舍得付出，不斤斤计较，别人才会反过来对你有所报答。同样的思想孔子在《论语》中也曾有过表述：“己欲立而立人，己欲达而达人。”既要使自己在社会上有一定的立足点，也要使别人有一定的地位。自己若想取得成功，就先要促使别人成功。然而，真正懂得这个道理含义的人并不多，而真正能够做到的人更是少之又少。

谦让，是一种豁达，是与世无争，是宽宏大量。你对别人做出了让步，自然能够得到他人的理解甚至是拥戴。谦让是在社会交往中不可或缺的手段，处处争强好胜者必定会遭他人暗中算计，而懂得谦让之人则会自保无虞。谦让是一种善待他人、善待生活的态度，能够带给人心灵上的宁静，显示人胸怀的博大和对世事的洞察。谦让是一门生活中必须掌握的学问，很有必要教给我们的孩子。

故事品读

恃才傲物的杨修

东汉末年，著名才子杨修是曹营的主簿，他是有名的思维敏捷的官员和有名的敢于冒犯曹操的才子。刘备亲自打汉中，惊动了许昌，曹操也率领四十万大军迎战。曹刘两军在汉水一带对峙。曹操屯兵日久，进退两难，适逢厨师端来鸡汤。曹操见碗底有鸡肋，有感于怀，正沉吟间，曹操属下大将入帐禀请夜间号令。

曹操随口说："鸡肋！鸡肋！"

人们便把这作为号令传了出去。行军主簿杨修即叫随行军士收拾行装，准备归程。曹操那名大将很惊讶，就请杨修至帐中细问。

杨修解释说："鸡肋者，食之无肉，弃之有味。今进不能胜，退恐人笑，在此无益，来日魏王必班师矣。"

这个大将听了也很信服，营中诸将纷纷打点行李。曹操知道后，怒斥杨修造谣惑众，扰乱军心，便把杨修给斩了。

后人有诗叹杨修，其中有两句是："身死因才误，非其欲退兵。"这是很切中杨修之要害的。原来杨修为人恃才傲物，数犯曹操之忌。

东汉时期上虞有一姑娘名叫曹娥，因父亲淹死在江中未打捞出尸体，心中十分悲痛，便投江自尽。上虞官府上奏朝廷表彰曹娥为孝女，并为她立了一块石碑，名叫"曹娥碑"，请才子邯郸淳写作碑文。

据说邯郸淳文章写得特别好，大文学家蔡邕听说了这件事前往观看。赶到时天已经黑了，便用手摸着碑文读，读完之后在碑的后面写了八字批语：黄绢，幼妇，外孙，齑臼。

有一次，曹操从碑旁经过，看到了蔡邕的题字，一时不解其意，便问随行人员有谁理解。主簿杨修回答说："我知道。"

曹操说："你先别说出来，让我再想一想。"向前又走了三十里，曹操和杨修分别写下了答案。

杨修说："黄娟，是带颜色的丝，色丝合一为'绝'字；幼妇，是年少的女子，少女合一为'妙'字；外孙，是女儿之子，女子合一为'好'字；齑臼是接受辛辣之物的器具，受辛合一为'辞'字。总合起来是'绝妙好辞'四个字，是赞美碑文写得好。"

曹操的答案和杨修一样，他感叹地对杨修说："我的才力和你相距三十里。"

曹操曾造花园一所，造成后曹操去观看时，不置褒贬，只取笔在门上写一"活"字。杨修说："'门'内添'活'字，乃'阔'字也。丞相嫌园门窄耳。"于是翻修。曹操再看后很高兴，但当知是杨修析其义后，内心已妒

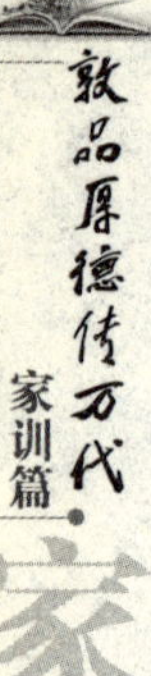

忌杨修了。

又有一日，塞北送来酥饼一盒，曹操写“一合酥”三字于盒上，放在台上。杨修入内看见，竟取来与众人分食。曹操问为何这样，杨修答说，你明明写“一人一口酥”嘛，我们岂敢违背你的命令？曹操虽然笑了，内心却十分厌恶。

曹操怕人暗杀他，常吩咐手下的人说，他好做杀人的梦，凡他睡着时不要靠近他。一日他睡午觉，把被蹬落地上，有一近侍慌忙拾起给他盖上，曹操一跃而起拔剑杀了近侍。醒来后大家告诉他实情，他痛哭一场，命厚葬之。因此众人都以为曹操梦中杀人，只有杨修知曹操的心，于是便一语道破天机。

凡此种种，皆是杨修因为恃才自傲犯着了曹操。杨修之死，在于他过于显露自己的聪明才智，不知道适当谦虚所致。

拓展阅读

【原文】

宁让人，勿使人让我；宁容人，勿使人容我；宁吃人之亏，勿使人吃我之亏；宁受人之气，勿使人受我之气。人有恩于我，则终身不忘；人有仇于我，则即时丢过。见人之善，则对人称扬不已；闻人之过，则绝口不对人言。

——《杨忠愍集·与子应尾、应箕书》

【译文】

宁可让人，不要让别人让我；宁可宽容别人，不要让别人宽容我；宁可吃别人的亏，不要让别人吃自己的亏；宁可受别人的气，不要让别人受自己的气。别人有恩于我，应当终身不忘；别人与我结怨，应当马上忘掉。见到别人的优点，要向大家称赞不已；听到别人的过失，绝口不要对别人提。

读书为本，立志有恒

读书，必须要记住三点：一要有志。有志则断不甘成为下流人士，必然会奋发图强，既不会满足于现状，更不会为困难所屈服。没有此种精神，就会一事无成。二要有识。有识就是学识。有了学识，就不会做出如河伯之观海、井蛙之窥天等让人笑话之事。三要有恒。滴水可以穿石，铁杵可以成针，所以有恒心则必能成就事业。读书若想要有成，三者缺一不可。

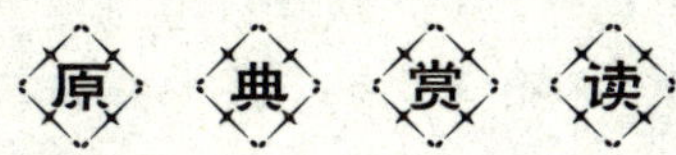

【原文】

诸位贤弟足下：

十一月十七寄第三号信，想已收到。父亲到县纳漕，诸弟何不寄一信，交县城转寄省城也？以后凡遇有便，即须寄信，切要切要。

九弟到家，遍走各亲戚家，必各有一番景况，何不详以告我？

四妹小产以后生育颇难，然此事最大，断不可以人力勉强。劝渠家只须听其自然，不可过于矜持。又闻四妹起最晚，往往其姑反服侍她。此反常之事，最足折福。天下未有不孝之妇而可得好处者，诸弟必须时劝导之，晓之以大义。

诸弟在家读书，不审每日如何用功？余自十月初一立志自新以来，虽懒惰如故，而每日楷书写日记，每日读史十面，每日记茶余偶谈一则，此三事未尝一日间断。十月二十一日立誓永戒吃水烟，洎今已两月不吃烟，已习惯成自然矣。予自立课程甚多，惟记茶余偶谈、读史十面、写日记楷本，此三事者誓终身不间断也。诸弟每人自立课程，必须有日日不断之功。虽行船走路，俱须带在身边，予除此三事外，他课程不必能有成；而此三事者，将终身以之。

前立志作《曾氏家训》一部，曾与九弟详细道及。后因采择经史，若非经史烂熟胸中，则割裂零碎，毫无线索，至于采择诸子各家之言，尤为浩繁，虽抄数百卷犹不能尽收。然后知古人作《大学衍义》《衍义补》诸书，乃胸中自有条例自有议论，而随便引书以证明之，非翻书而遍抄之也。然后知著书之难，故暂且不作曾氏家训。若将来胸中道理愈多，议论愈贯申，仍当为之。

现在朋友愈多。讲躬行心得者，则有镜海先生、艮峰前辈、吴竹如、窦兰泉、冯树堂；穷经知道者，则有吴子序、邵蕙西；讲诗、文、字而艺通于道者，则有何子贞；才气奔放，则有汤海秋；英气逼人志大神静，则有黄子寿。又有王少鹤（名锡振，广西主事，年二十七岁，张筱浦之妹夫）、朱廉甫（名琦，广西乙未翰林）、吴莘畬（名尚志，广东人，吴抚台之世兄）、庞作人（名文寿，浙江人）。此四君者，皆闻予名而先来拜。虽所造有浅深，要皆有志之士，不甘居于庸碌者也。

京师为人文渊薮，不求则无之；愈求则愈出。近来闻好友甚多，予不欲先去拜别人，恐徒标榜虚声。盖求友以匡己之不逮，此大益也；标榜以盗虚名，是大损也。天下有益之事，即有足损者寓乎其中，不可不辨。

黄子寿近作《选将论》一篇，共六千余字，真奇才也。黄子寿戊戌年始作破题，而六年之中遂成大学问，此天分独绝，万不可学而至。诸弟不必震而惊之，予不愿诸弟学他，但愿诸弟学吴世兄、何世兄。吴竹如之世兄现亦学艮峰先生写日记，言有矩，动有法，其静气实实可爱。何子贞之世兄，每日自朝至夕总是温书，三百六十日，除作诗文时，无一刻不温书。真可谓有恒者矣。故予从前限功课教诸弟，近来写信寄弟，从不另开课程，但教诸弟有恒而已。

盖士人读书，第一要有志，第二要有识，第三要有恒。有志则断不甘为下流；有识则知学问无尽，不敢以一得自足，如河伯之观海，如井蛙之窥天，皆无识者也；有恒则断无不成之事。此三者缺一不可。诸弟此时，惟有识不可以骤几，至于有志、有恒，则诸弟勉之而已。

予身体甚弱，不能苦思，苦思则头晕，不耐久坐，久坐则倦乏，时时属望惟诸弟而已。

明年正月恭逢祖父大人七十大寿，京城以进十为正庆。予本拟在戏园设寿筵，窦兰泉及艮峰先生劝止之，故不复张筵。盖京城张筵唱戏，名为庆寿，实则打把戏。兰泉之劝止，正以此故。现在做寿屏两架。一架淳化笺四大幅，系何子贞撰文并书，字有茶碗口大。一架冷金笺八小幅，系吴子序撰文，予自书。淳化笺系内府用纸，纸厚如钱，光彩耀目，寻常琉璃厂无有也。昨日偶有之，因买四张。子贞字甚古雅，惜太大，万不能寄回。奈何奈何?

侄儿甲三体日胖而颇蠢，夜间小解知自报，不至于湿床褥。女儿体好，最易扶携，全不劳大人费心力。

今年冬间，贺耦庚先生寄三十金，李双圃先生寄二十金，其余尚有小进项。汤海秋又自言借百金与我用。计还清兰溪、寄云外，尚可宽裕过年。统计今年除借会馆房钱外，仅借百五十金。岱云则略多些。岱云言在京已该账九百余金，家中亦有此数，将来正不易还。寒士出身，不知何日是了也！我在京该账尚不过四百金，然苟不得差，则日见日紧矣。

书不能尽言，惟诸弟鉴察。兄国藩手草。

道光二十二年十二月廿日

【译文】

诸位贤弟足下：

十一月十七日所发出的第三封家信，想必已寄到家中。近日父亲到县里交粮，弟弟们为何不趁机写信，请父亲从县城转寄到省城呢？若以后遇到方便之机，就要尽量抽时间写信寄过来，切记切记。

九弟回家之后，一定会去各处拜访亲戚好友，各家的情况各不相同，新鲜事也不会少，为何不写信一一告知我呢？

四妹小产之后再生育就很困难了，此事关系重大，不可小视，但也绝不可刻意勉强。家人要劝慰四妹不可急躁不安，听其自然即可，万万不要因此事过于拘谨。听说现在四妹在家往往很晚才起床，起床之后还经常要婆婆在旁服侍她，这可是最要不得的事情，会折福的。天下从没有不孝的妇人能得到好报的情况，所以弟弟们务必多加劝导她，让她通晓大义。

诸位弟弟们在家读书习字，不知每天用功程度如何？自十月初一以来，我立志改过自新，虽不时有懒惰之意，但每天用楷书写日记，每天读十页史书，记喝茶的空闲偶尔谈论一点读书心得，这三件事倒是一直坚持，从未有丝毫的间断。从十月十一日发誓戒水烟算起，已两个多月，一直远离水烟，渐渐地就习惯成自然了。我这一生所立之志甚多，只有记茶余偶谈、读史十页历、写楷体日记这三件事，发誓终身坚持，绝不让其有一日的间断。弟弟们也应该自定几件事情，每天努力去做，即使行船走路，也时刻随身携带，不能懈怠。除上述我所说的那三件事之外，其他事情我都没能长久坚持；但这三件事能够坚持下去，我一定终身坚持。

前不久我曾立下志愿，打算编写一部《曾氏家训》，而且就此事与九弟做过详谈。后来翻阅了各部经史才发现，若不能把经史烂熟于胸，反而会显得支离破碎，找不到一个鲜明的主线，若要采集摘选诸子各家之言，则显得更为凌乱，即使费力地抄上几百卷书，也无法将材料收齐。这时才懂得古人编著《大学衍义》《衍义补》等书，真的是胸有成竹、水到渠成，都是自有一套体例、一组观点的，然后在创作的过程中随意引书为证，而不是逐个翻书拼凑而来的。从这之后我才懂得了著书的困难，所以暂时不准备创作《曾氏家训》。待日后胸中积累的道理够丰富了、议论够贯通了再写。

自到了京城之后，结交了很多的朋友。其中身体力行者，有镜海先生、艮峰前辈、吴竹如、窦兰泉、冯树堂；对经书探究以明理的，有吴子序、邵蕙西；讲诗、文、字而技艺用于表现古人的“道”者，有何子贞；才气奔放，则有汤海秋；英气勃发，志向高远的，则有黄子寿；另外还有王少鹤（名锡振，任广西主事，年二十七岁，是张筱浦的妹夫）、朱廉甫（名琦，广西乙未年翰林）、吴莘畬（名尚志，广东人，吴抚台之世兄）、庞作人（名文寿，浙江人），这四君子，对我都是慕名来访。虽然这些人有不同的造化，但都是胸怀壮志的有识之士，不甘平庸之人。

京师是人才集中之地，学问渊博之人济济一堂，不去追求则无从发现；但若有心，越去追求朋友就会越多。近来听说有很多可交朋友的人，但我并不打算主动去拜访别人，只怕那样对做学问无益，反而只会落得个自我标榜的虚名。访求好友的目的是匡正自己的过失，这才是交友的最大益处；而借此标榜图谋虚名，则是最大的害处。天下凡是有益的事，其中便有足以造成损害的因素掺杂，一定要审慎，不可不细心分辨。

黄子寿最近作了一篇《选将论》，此文共有六千余字，他可真称得上是奇才。此人从戊戌年起才开始学作文之道，六年之中就做出如此大学问，实属罕见。不过这也与他的天资有关，并不是可以通过学习达到的。弟弟们不必为此震惊，我并不是要弟弟们学他，只愿你们以吴世兄、何世兄为榜样。吴竹如世兄现也效仿艮峰先生，每日写日记，谈论有规矩，行为有法则，其安详自得的风采实在让人心生爱意。何子贞的世兄，每日从早到晚不停地温习各家之书，一年三百六十天，除了作诗写文章的时间之外，无时无刻不在温习书本。真可称得上是有恒心的人。所以我从前督促弟弟们的学业时，总是会给你们限定功课，而近日寄来的信中，却从不另外开列课程，只是警示你们读书做学问要有恒心而已。

士人读书做学问，第一要有志向，第二要有见识，第三要有恒心。志向高远，则必然不会甘心屈居人下；有了超然的见识，便知晓学海无边的道理，就不敢因某一方面的成功而自足自满，如河伯观海，井蛙窥天，这种方法只有目光短浅的人才会去做；有持久的恒心，则绝对没有成就不了的事业。这三者缺一不可。诸位兄弟不可能一下子便很有见识，至于有志向有恒心，就是你们自己努力的事了。

我最近身体越来越差，不能思虑过多，思虑过多就会头晕目眩；不能坐得时间太长，坐得时间长了，就会疲倦乏力，只能把一切希望寄托在诸位兄弟身上了。

明年正月，是祖父大人七十大寿，按照京城的惯例，进十的岁数都是正式庆典。我本打算在戏园摆宴庆贺，而窦兰泉及艮峰先生劝阻我，申述其中利弊，便打消了这个念头。因为在京城设筵唱戏，名义上是为庆寿，但是实质才是玩把戏，所以兰泉竭力劝阻。现在我打算只做两架寿屏，一架是四大幅淳化笺，文章是何子贞亲笔撰写的，每个字都有茶碗口大；一架是八小幅冷金笺，文章是由吴子序撰写的，我书写上去的。淳化笺用的是内府用纸，此纸如铜钱般厚实粗重，光彩耀目，这样的纸质很难在琉璃厂见到，碰巧昨天瞧见，一下买了四张。子贞的字古雅有致，但是字体太大，是寄不回去的。苦无良策！该怎么办呢？

你们的侄儿甲三，身体稍胖，显得蠢笨可爱，自己已经知道夜里小便了，不会再尿床。侄女身体无恙，乖巧听话，不劳大人费心。

今年冬天，贺耦庚先生寄来了三十两银子，李双圃先生又寄来二十两，还有其他的一些小进项，汤海秋先生还答应可以暂且借给我百金用。如此算来，除了可以还清兰溪、寄云的债外，还可宽裕过年。总的算来，今年除了借会馆房钱以外，另借了一百五十两银子。岱云借得稍微多一些，他说在京已欠账九百余两，家里也欠了这个数，数额如此巨大以后若想还清确实很难。出身贫穷的人，这借借还还的日子还不知尽头呢！虽然我在京所欠的债务合起来不过四百两银子，不过如果不是有一官半职的话，也同样会一日比一日吃紧了。

信中很多事情不能畅所欲言，希望诸位兄弟细细鉴察。兄国藩手草。

道光二十二年十二月二十日

家训启迪

在众人眼里，读书是很平常也很容易的事情，只要识字，谁都会读书。其实不然，其中有很多讲究。

那么，该如何读书呢?

第一，要立志，明确读书的目的。立志并不是说非得要怀抱治国平天下的雄心壮志才能读书。但是，作为提升自我的人生学习，不能把读书看得太功利。立志讲的是要把读书当作提升自我的途径，不仅要提高文化知识，更要提高品格修养，不甘居于下流，激励自己奋发向上，变得聪明睿智。如果这样去读书，眼界越读越高，心胸越读越宽阔，兴趣越读越多，人生越读越丰富，读书就变成一件非常开心的事。"不管风吹浪打，胜似闲庭信步"的胸怀与淡定，那才是无用之大用。

第二，要有识。曾国藩在这里讲的主要是要博学而谦虚。读书一定要广，博闻多识。

第三，要有恒心。要知道学习是一辈子的事，不断学习，才能耳目常新，与时俱进，所谓的"活到老，学到老"，说的就是这个道理。

故事品读

"洛阳纸贵"的传奇

西晋太康年间有一个文学家叫左思，他出生寒门，没有受过正统的教育，但年少时便胸怀大志，勤奋好学。他博览群书，才华横溢，自学过程中，他对京都赋（描写皇帝都城的文章）产生了浓厚的兴趣，决心要在写作京都赋上有所成就。

汉代文学家班固作有《两都赋》，张衡作有《二京赋》。班固、张衡都是官显位高、文采出众之人，他们的两赋都文字典雅，气势宏大，写出了汉朝东都洛阳、西京长安的富丽堂皇、巍峨雄伟，堪称京都赋之绝佳之作。左思

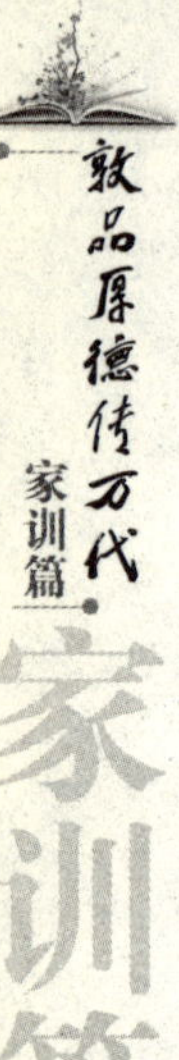

对其赞叹不已，但他觉得两赋虽好，亦有美中不足之处，如对有些景物的描写缺乏事实依据，给人以虚假之感。因此，他想扬两赋之长，避两赋之短，完成一篇佳赋让世人传阅，于是他下了决心，为三国的蜀都（今成都）、吴都（今南京）、魏都（今洛阳）写赋，合称《三都赋》。

正在这时，他的妹妹左棻被选入宫，左思举家迁至京城洛阳居住。洛阳名流集中，典籍易查，左思十分高兴。然而，左思要写《三都赋》的消息传出后，人们有的赞许，有的怀疑，有的嘲讽。当时著名的文学家陆机听说此事，抚掌大笑说："粗俗之人，狂妄至极，岂不知班固、张衡皆名家，京都赋绝无人能超过他们。左思真是太不自量力了，写出来无非是增添一些废纸罢了。"

听到这些批评讥讽，左思气愤非常，但他并未气馁。为了使《三都赋》言之有据、真实可信，他仔细阅读三都的大量史籍、地图，察看山川草木，访问风土人情，然后精心构思编著。

他自知自己阅历浅薄，特请求任职秘书郎，以使自己开阔眼界，增长知识。他废寝忘食，长期构思，在卧室、书房、院子里甚至厕所都摆设桌子和笔墨纸砚，以便随时捕捉可能转瞬即逝的灵感。

一次他吃饭时，灵感突至，他丢下筷子拿起笔，后来竟至将毛笔当成筷子送入口中，弄得满嘴墨黑。定稿前他字斟句酌，反复修改，力求尽善尽美。

就这样整整用了10年，他终于写成《三都赋》，与那两赋相比，有过之而无不及。但尽管如此，他的《三都赋》却未被世人重视。当时的人们都是以人论才，一些轻薄的文人因左思出身贫寒、职低位卑，对《三都赋》故意吹毛求疵，把它贬得一文不值。

左思认为真金不怕火炼，他将《三都赋》送给学识渊博、德高望重的皇甫谧，请其鉴定评论。皇甫谧反复阅诵，不禁拍案称绝，立即为之作序，又请人作了注解。如此一来，几乎被打入冷宫的《三都赋》立即成了洛阳最畅销的书，还被争相传抄，因为用纸太多，引起洛阳纸价大涨，于是有了"洛阳纸贵"。

人生长期考验我们的毅力，唯有那些能够坚持不懈的人，才能得到最大的奖赏。毅力到此地步可以移山，也可以填海，更可以让人从芸芸众生中脱颖而出。

拓展阅读

【原文】

孟子之少也，既学而归，孟母方绩，问曰："学所何至矣。"孟子曰："自若也。"孟母以刀断其织，孟子惧而问其故，孟母曰："子之废学，若吾断其织也。夫君子学以立名，问则广知，是以居则安宁，动则远害。今而废之，是不免于厮役而无以离于祸患也，何以异于织绩而食，中道废而不为，宁能衣其夫子而长不乏粮食哉？女则废其所食，男则堕于修德，不为窃盗，则为虏役矣。"孟子惧，旦夕勤学不息，师事子思，遂成天下之名儒。君子谓孟母知为人母之道矣。

——《列女传》

【译文】

孟子年少的时候，从学校归来，孟母正在织布，问他："你学了什么？"孟子说："还是老样子。"孟母用剪刀把所织的布剪断了。孟子害怕，连忙问其中的缘故，孟母说："你废弃学业，就像我剪断所织的布一样。君子靠学习才能扬名，问什么问题都能知道，这样居处才能安宁，行动才能远离祸害。现在你荒废学业，这就不能免于厮役之苦，也不能避开祸患，这与靠织布来生活却半途而废有什么区别，怎么能够使人有衣服穿，长大后不缺乏粮食呢？女人就会失去她赖以生存的技艺，男人就不会修身养性，最后不是做窃贼，就是做仆役。"孟子害怕，朝夕勤奋好学，拜子思为师，终于成为天下的一代名儒。君子认为孟母知道做人母亲的道理。

清廉为本，做官勿贪

读书不是为了做官，既已做官，就要为民尽力，而不要为发财。做官所得金银，积之“遗子孙为可羞可恨”，当作有益之用途。具体说来则是，首先用于满足父母的衣食住行之用，以尽为人子之孝道；其次用于帮助兄弟姐妹中之贫困者，使其与我同甘，以尽悌友之道；最后用于慈善社会，周济那些社会上的穷苦人，使其免于疾苦，以尽社会之责任。若能如此，则是好官，则会留名青史，为万世所景仰。万不可遗之子孙，助其养成骄惰之性，横行社会，为世人所唾弃。古今那些官家子弟因家中富有，而不学无术，为害一方，有的甚至犯法被处死者，何曾少见！当官者请三思此言，并再读此信。

【原文】

澄侯、温甫、子植、季洪足下：

正月初十日发第一号家信，二月初八日发第二号家信，报升任礼部侍郎之喜，二十六日发第三号信，皆由折差带寄。三月初一日由常德太守乔心农处寄第四号信，计托带银七十两、高丽参十余两、鹿胶二斤、一品顶戴二枚、补服五付等件。渠由山西迂道转至湖南，大约须五月端午前后，乃可到长沙。

予尚有寄兰姊、蕙妹及四位弟妇江绸棉外褂各一件，仿照去年寄呈母亲、叔母之样。前乔心农太守行时不能多带，兹因陈竹伯新放广西左江道，可于四月出京，拟即托渠带回。澄弟《岳阳楼记》，亦即托竹伯带回家中。

二月初四澄弟所发之信，三月十八接到。正月十六七之信，则至今未接到。据二月四日书云，前信着刘一送至省城，共二封，因欧阳家、邓星阶、曾厨子各有信云云。不知两次折弁何以未见带到？

温弟在省时，曾发一书与我，到家后未见一书，想亦在正月一封之中。此书遗失，我心终耿耿也。

温弟在省所发书，因闻澄弟之计，而我不为揭破，一时气忿，故语多激切不平之词。予正月复温弟一书，将前后所闻温弟之行，不得已禀告堂上，及澄弟、植弟不敢禀告而误用诡计之故，一概揭破。温弟骤看此书，未免恨我。然兄弟之间，一言欺诈，终不可久。尽行揭破，虽目前嫌其太直，而日久终能相谅。

大凡做官之人，往往厚于妻子而薄于兄弟，私服于一家而刻薄于亲戚族党。予自三十岁以来，即以做官发财为可耻，以宦囊积金遗子孙为可羞可恨，故私心立誓，总不靠做官发财以遗后人。神明鉴临，予不食言。此时侍奉高堂，每年仅寄些须以为甘旨之佐。族戚中之穷者，亦即每年各分少许，以尽吾区区之意。盖即多寄家中，而堂上所食所衣，亦不能因而加丰，与其独肥一家，使戚族因怨我而并恨堂上，何如分润戚族，使戚族戴我堂上之德而更加一番钦敬乎？

将来若作外官，禄入较丰，自誓除廉俸之外不取一钱。廉俸若日多，则周济亲戚族党者日广，断不畜除廉俸之外不取一钱，积银钱为儿子衣食之需。盖儿子若贤，则不靠宦囊亦能自觅衣食；儿子若不肖，则多积一钱，渠将多造一孽，后来淫佚作恶，必且大玷家声。故立定此志，决不肯以做官发财，决不肯留银钱与后人；若禄入较丰，除堂上甘旨之外，尽以周济亲戚族党之穷者，此我之素志也。

京寓一切平安。纪泽《书经》读至《冏命》。二儿甚肥大。易南谷开复原官，来京引见，闻左青士亦开复矣。同乡官京中者，诸皆如常。余不一一。

再者：九弟生子大喜，敬贺敬贺。自丙午冬葬祖妣大人于木兜冲之后，我家已添三男丁，我则升阁学，升侍郎，九弟则进学补廪。其地之吉，已有明效可验。我平生最不信风水，而于朱子所云"山环水抱""藏风聚气"二语，则笃信之。木兜冲之地，予平日不以为然，而葬后乃吉祥如此，可见福人自葬福地，绝非可以人力参与其间。家中买地，若出重价，则断断可以不必；若数十千，则买一二处无碍。

宋湘宾去年回家，腊月始到。山西之馆既失，而湖北一带又一无所得。今年因常南陔之约，重来湖北，而南陔已迁官陕西矣，命运之穷如此。去年曾有书寄温弟，兹亦付去，上二次忘付也。

李笔峰代馆一月，又在寓抄书一月，现在已搬出矣。毫无道理之人，究竟难与相处。庞省三在我家教书，光景甚好。邹墨林来京捐复教官，在元通观住，日日来我家闲谈。长沙老馆，我今年大加修整，人人皆以为好。

琐事兼述，诸惟心照。

男国藩手草。

【译文】

澄侯、温甫、子植、季洪足下：

正月初十日发第一封家信，二月八日发第二封家信，是以告知升任礼部侍郎的喜讯，二十六日发第三封信，都由折差带回。三月一日的第四封信是由常德太守乔心农那里发出，共计托带银子七十两、十多两高丽参、两斤鹿胶、二枚一品顶戴、五件礼服等物品。他从山西绕道转到湖南，可能得在端午节前后才能抵达长沙。

我还寄给兰姐、蕙妹以及四位弟妹江绸棉外褂各一件，仿效去年寄给母亲及叔母样式的。上次乔心农太守走时，带的行李不能太多，如今由于陈竹伯放外任广西左江道，可以四月出京，准备委托他带回来。澄弟的《岳阳楼记》，也就托给竹伯带回家中。

澄弟二月四日寄的信，三月十八日收到。正月十六、十七的信，至今没有看到。根据二月四日信中所说，前一封信派刘一送到省城，共有两封，由于欧阳家、邓星阶、曾厨子各都有信等。而两次都没有带到是何原因？

温弟在省城时，曾寄了一封信给我，到家后却没有看到，想必也在正月的那封信当中。这封信的遗失，总让我耿耿于怀。

温弟在省城所寄出的信，由于听了澄弟的诡计，但我又不揭穿他，一时气愤，因此话语多有激切不平之词。我正月回了温弟一封信，把温弟前前后后的行为，和澄弟、植弟不敢禀告而误用诡计的原因全部说出来，禀告了堂上大人。温弟看了此信，对我很是怨恨，但是兄弟之间，虽可一句话骗过，但时间却不易过长。全部揭穿，尽管目前嫌我性格太直，而时间久了最终能互相谅解。

大凡做官的人，往往对妻子宽厚而对兄弟刻薄，对自家厚富却对亲党刻薄。我从三十岁以来，就耻于做官发财，认为官囊积钱留给子孙可羞可恨。因此私下立誓，绝不凭靠做官发财，神明可鉴，我决不食言。如今侍奉父母，每年也只寄些用于吃东西上。宗族亲戚中贫困的，也是每年各分给少些，聊表心意。也许即便多寄钱给家中，但堂上大人吃的穿的也不能由此而丰厚，与其独自肥一家，而使宗族亲戚因嫉恨我而牵连堂上大人，还不如分给宗族亲戚，使他们感谢我堂上大人的恩德从而更多一些敬仰钦佩。

假如在外地做官，俸禄较为丰厚，自己发誓除廉俸之外，不多拿一分钱。廉俸倘若一天天增多，就周济越来越多的亲戚族人，绝不为儿子的衣食之需蓄积银钱。儿子若贤明，则不靠官囊自己也能丰衣足食；儿子倘若不肖，那么多积一钱，他将多造一份孽，将来淫逸作恶，必定大损家庭声誉。所以下定这个决心，绝不肯靠做官来发财，绝不肯留银钱给后人。倘若俸禄收入较为丰厚，除供父母美味之外，尽可能用来周济亲戚族人中的贫穷者。这是我一向的志向。

京中寓所一切平安。纪泽《书经》读到《冏命》，二儿子很肥胖。易南谷已到原来职位上做官，来到京中觐见，据说左青士也官复原职。同乡在京城中为官的人，大同于往日，我不一一述说了。

还有，九弟添儿是一件大喜事，祝贺恭喜。从丙午年冬天埋葬祖妣大人于木兜冲之后，我家已经新添了三个男孩，我则升任阁学、升任侍郎，九弟也进入学馆补了廪生。已应验了这块土地的吉祥。我向来最不信风水，而对于朱子所说的“山环水抱”“藏风聚气”两句话，则是深深相信。木兜冲之地，我平常不以为然，而葬后是如此吉祥，可知福地自有福人入葬，绝不是人力可以参与其中的。家中要买地，对方出高价，肯定不能买，假如只要几十千，那么买一两处也无妨。

宋湘宾去年回家，腊月才到。已关闭了山西学馆，而在湖北一带又一无所得。今年由于常南陔的约定又来湖北，而南陔已到陕西做官。他的命运如此穷困！去年曾有信寄给温弟，现在也附寄过去，上两次忘寄了。

李笔峰在馆中代教一个月，后又在寓所抄书一个月，现在又在外面漂泊。毫不讲理的人，最终很难与人相处。庞省三在我家教书，光景很好。邹墨林来京捐复教官，在元通观住宿，天天到我家来闲聊。我在今年会大加修整长沙老馆，大家都觉得这是好主意。

许多琐碎杂事已说尽，兄弟们心中自会明白。

男国藩手草。

家训启迪

忠君爱国，尽忠直言。曾国藩论述了自己上疏《敬陈圣德三端，预防流弊》奏折后的结果。在奏折中，他直言劝谏，针对咸丰皇帝谨慎、好古、广大的这三种美德，毫不客气地指出美德背后潜藏的隐患。奏折一上，满朝皆惊，就连曾国藩老家的长辈们看到这道奏折的抄本时，也都为曾国藩捏了把汗。但所幸有惊无险，咸丰皇帝仅用“语涉过激，未能持平，意尚可取”评价这道奏折。这种作法一出，不禁使曾国藩感恩戴德。在这封信中，他努力劝导各位弟弟要更加发奋图强，遇事不退缩，不唯唯诺诺、阿谀奉承，要忠君爱国，尽忠直言，做一心为国的好官。

为官重在清廉。针对当时官员官气太重的风气，曾国藩特意提到了整饬官员的问题，他劝说弟弟要削减多余的官员，增加能干的官员，而要彻底戒除官员的官气，则要严格裁减不必要的支出，改变支取钱款的人多、收进来的钱少的现状。所谓的官员官气，总不过是懒惰、奢侈，这都是为官后渐渐养成的坏习气，是一种恶劣跟风的现象，而要戒除这种习气，最关键的还是要讲求一个“廉”字。为官清廉，就会为民着想，努力为政事出力，自然而然就不会再有官气了。

故事品读

杨震清廉为官

杨震是汉安帝时华阴人。他出身贫寒，靠教书和种地过日子。农忙的时候，他的弟子们总是热情地要帮他干活，但他从来不让，说免得耽误了他们的功课。他教了二十多年的书，人们都称赞他正直无私，学识渊博。

车骑将军邓隲听说杨震品德高尚，又有学问，就推荐他做官，杨震先是做了荆州刺史，后来又调任去东莱当太守。他去东莱上任的时候，路过昌邑，在驿站住了一宿。当时昌邑县的县令叫王密。王密与杨震是老相识，他到昌邑来做官还是杨震帮的忙。王密也许是为了感谢杨震，也许是为了要杨震提拔自己，在深夜里去拜见杨震，并献上了十斤黄金。杨震感到意外，对王密说：“我觉得我很了解你，但你怎么不了解我呢？”王密急忙说：“你先别说这个。我给你送点礼何必客气呢？反正夜深人静，我来这里也无人知道，你就收下了吧。”杨震看到王密执意要把黄金送给自己，就十分严肃地说：“天知道、地知道、你知道、我知道，你怎么能说没有人知道呢？”王密听了，臊得连耳根儿都红了。他只好拿着黄金灰溜溜地退了出去。

杨震做了好几年的太守，仍旧是两袖清风。他穿的是土布衣，吃的是粗茶淡饭，出门也不坐轿。有一天，有个朋友对他说：“为了子孙后代，你也得置点家产啊！”杨震笑着说：“让我的后代做个清白官吏的子孙，这份遗产还不够阔气吗？”这番话，使他的朋友对杨震万分敬佩。

“天知、地知、你知、我知”这个故事流传万代。杨震终生清廉，不为金钱所惑，成为世代为官者的学习榜样。

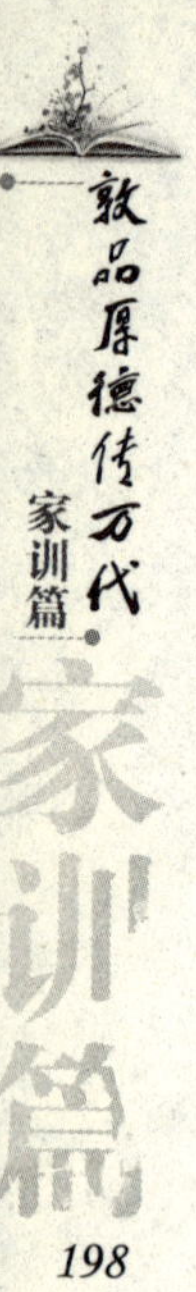

拓展阅读

【原文】

惟廉勤二字，人人可至。

——《家训笔录》

【译文】

唯有廉和勤这两个字，却是人人都能做到的。

勤俭为本，治家和睦

曾国藩在其家书中告诫子弟，要以“勤、敬、和”为持家之本。其中勤俭为总则。农村人家教育子孙，要注意勤俭二字。男儿除勤奋读书外，回家后还得勤劳家务，耕田、种地、砍柴等事均应习熟，即使将来读书考上了学，有此种本领，也是一生的宝贵财富。如果考不上学，将来也可做个勤劳而有经验的庄稼人。女儿除了读书外，回家应当习一些厨艺、针线活儿，无论将来考不考得上学，对于自己成家后做一个贤妻良母都大有好处。即使是事业型的女性，有厨艺、会针线，总不是坏事。城市人家的子女，除了读书学习外，也应在家中做些家务，学习一些厨艺，对父母和自己都有益而无害。

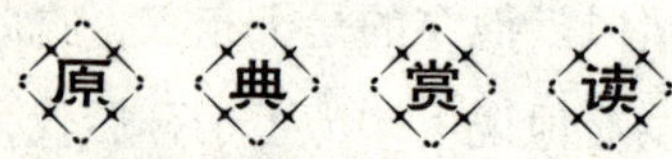

【原文】

字谕纪鸿儿：

前闻尔县试幸列首选，为之欣慰。所寄各场文章，亦皆清润大方。昨接易芝生先生十三日信，知尔已到省。城市繁华之地，尔宜在寓中静坐，不可出外游戏征逐。

兹余函商郭意城先生，于东征局兑银四百两，交尔在省为进学之用。如郭不在省，尔将此信至易芝生先生处借银亦可。印卷之费，向例两学及学书共三分，尔每分宜送钱百千。邓寅师处谢礼百两，邓十世兄处送银十两，助渠买书之资。余银数十两，为尔零用及略添衣物之需。

凡世家子弟衣食起居，无一不与寒士相同，庶可以成大器；若沾染富贵气习，则难望有成。吾忝为将相，而所有衣服不值三百金，愿尔等常守此俭朴之风，亦惜福之道也。其照例应用之钱，不宜过啬(谢廪保二十千，赏号亦略丰)。谒圣后，拜客数家，即行归里。今年不必乡试，一则尔工夫尚早，二则恐体弱难耐劳也。此谕。

涤生手示再，尔县考诗有错平仄者。头场(末句移)，二场(三句禁，仄声用者禁止、禁戒也，平声用者犹云受不住也，谚云禁不起)，三场(四句节俭仁惠崇系倒写否？十句逸仄声)，五场(九、十句失粘)。过院考时，务将平仄一一检点，如有记不真者，则另换一字。抬头处亦宜细心。再谕。

同治元年五月廿七日

【译文】

字谕纪鸿儿：

不久前听说你参加了县试，并且名列榜首，我对此感到很欣慰。你随信寄来的各场考试的文章，这些圆润大方之作也值得称道。我昨天接到易芝生先生十三日的来信，得知你已经抵达省城。省城乃是繁华奢靡之地，你最好多在寓所中静坐，不要到外面随便游玩了。

我已经给郭意城先生写信，决定在东征局那里交给你兑换而来的四百两银子，作为你在省城进学的费用。如果郭先生不在省城，你拿这封信到易芝生先生那里借钱也行。印卷的费用，按惯例是两学和学书一共三份，你应每一份送钱百千。邓寅师那里送银子一百两作为谢礼，邓十世兄那里，送十两银子，资助他多买点书，剩下的几十两银子，你可以零花或略添衣物。

凡是世家子弟，饮食起居，与寒士相同，也许可以成大器；

如果沾染上富贵的不良习气，就很难希望他有所成就。我虽有幸位居相位，但所有衣服合计不值三百两金子，希望你们常恪守俭朴的家风，这可以看作你们知道珍惜福分的道理。照例要应用的银钱，也不要太过吝啬(谢票保二十千，赏号也可稍微多一点)。谒见圣人孔子以后，你拜客几家，就回家乡去。今年的乡试便不要参加了，一是因为你的工夫还早，二是恐怕你体质虚弱难耐劳苦。此谕。

涤生手示还有，你在参加科考时所作的诗，也有多处平仄错误。头场末句的“移”字；二场第三句的“禁”字，作为仄声使用时是禁止、禁戒的意思，则是在平声使用中是受不住的意思，俗话说的禁不起；三场第四句是不是写倒了“节俭仁惠崇”？第十句“逸”仄声；第五场第九句、十句失粘。在院试时，你务必一一检查平仄，哪些地方记不准确，就另外换上一个字。最应该注意的地方就是开头处，要细心留意。再谕。

同治元年五月二十七日

【原文】

字谕纪泽儿：

余此次出门，略载日记，即将日记封每次家信中。闻林文忠家书，即系如此办法。

尔在省，仅至丁、左两家，余不轻出，足慰远怀。读书之法，看、读、写、作，四者每日不可缺一。看者，如尔去年看《史记》《汉书》《韩文》《近思录》，今年看《周易折中》之类是也。读者，如“四书”、《诗》《书》《易经》《左传》诸经、《昭明文选》、李杜韩苏之诗、韩欧曾王之文，非高声朗诵则不能得其雄伟之概，非密咏恬吟则不能探其深远之韵。譬之富家居积，看书则在外贸易，获利三倍者也，读书则在家慎守，不轻花费者也；譬之兵家战争，看书则攻城略地，开拓土宇者也，读书则深沟坚垒，得地能守者也。看书如子夏之“日知所亡”相近，读书与“无忘所能”相近，二者不可偏废。

至于写字，真行篆隶，尔颇好之，切不可间断一日。既要求好，又要求快。余生平因作字迟钝，吃亏不少。尔须力求敏捷，每日能作楷书一万则几矣。

至于作诸文，亦宜在二三十岁立定规模；过三十后，则长进极难。作四书文，作试帖诗，作律赋，作古今体诗，作古文，作骈体文，数者不可不一一讲求，一一试为之。少年不可怕丑，须有狂者进取之趣，过时不试为之，则后此弥不肯为矣。

至于作人之道，圣贤千言万语，大抵不外敬恕二字。《仲弓问仁》一章，言敬恕最为亲切。自此以外，如立则见参于前也，在车则见其倚于衡也；君子无众寡，无小大，无敢慢，斯为泰而不骄；正其衣冠，俨然人望而畏，斯为威而不猛，是皆言敬之最好下手者。孔言欲立立人，欲达达人；孟言行有不得，反求诸己。以仁存心，以礼存心，有终身之忧，无一朝之患，是皆言恕之最好下手者。尔心境明白，于恕字或易著功，敬字则宜勉强行之。此立德之基，不可不谨。

科场在即，亦宜保养身体。余在外平安，不多及。

再，此次日记，已封入澄侯叔函中寄至家矣。余自十二至湖口，十九夜五更开船晋江西省，二十一申刻即至章门。余不多及。又示。

咸丰八年七月廿一日

【译文】

字谕纪泽儿：

我这次出门，把日记简略地记了下来，并把日记附在家信中寄回。听说林文忠所写的家信，也有类似的做法。

你虽身在省城，只到丁、左两家拜访，别的时候只在家里待着，我虽远离家乡，也足以安慰了。读书的方法，要坚持看、读、写、作四方面并行，不能偏漏。要看的，就像你去年看《史记》《汉书》《韩文》《近思录》，还有你今年看的书《周易折中》等；要读的，如“四书”、《诗》《书》《易经》《左传》等经典，《昭明文选》、李杜韩苏的诗、韩欧曾王的文章，要高声朗读一些诗，否则很难感受得到书中的雄伟气概，就像有些适合低吟轻咏，这样才能领会神韵的悠然。若用富贵人家的囤积来做比喻，看书就像在外做生意，获利三倍，而读书便如在家中慎守家业，不轻易花费；若拿兵家战争来做比喻，看书就是攻城略地，开拓疆土，读书就是深沟坚垒，坚守寸土。看书就如子夏所说“日知所亡”类似，读书与“无忘所能”接近，二者不可重视一方面，而忽略掉另一方面。

至于写字，楷行篆隶，你都很喜欢，但要天天坚持练字。不但要求写得好，而且也要求快。我这一生，因为写字速度缓慢，吃尽了苦头。你在写字的时候要力求敏捷快速，每天要能写一万字以上的楷书，这个程度便可达到。

至于写文章，也应在二三十岁时打好基础，过了三十，便很难再有所长进了。作四书文，作试帖诗，作律赋，作古今体诗，作古文，作骈体文，这些都要区分对待，试作也要一一区别对待。年轻的时候，做文章不要怕做得不好而担心出丑，要有狂妄进取的志趣，这时不去尝试，以后弥补便艰难了。

关于做人的道理，先哲们已说了很多，也都不外乎“敬恕”两个字。《仲弓问仁》一章，对敬恕之道作了最为贴切的阐述。除此之外，像站着见人就要参礼于前，坐车时见人就要倚到车前横木上去一样；君子无论多少，无论大小，不敢怠慢，都能泰然处之而不骄横；正衣冠后，整齐肃穆，让人敬畏，但却威而不猛。“敬”字便是要做到这些。孔子说要立可立之人，要通达可通达之人；孟子说身体力行没有成果，便要反省自身。把仁义、礼节放在心上，虽有终身之忧，但无一朝之患。这些都是可以初窥“恕”字的门径。你心里明白，在“恕”字上或许容易见效；“敬”字你则要勉力去做。以上这是立德的基础，需谨慎对待。

科举考试即将来临，你也须注意保重身体。我在外面很平安，不必说。

另有一事，这次的日记，已经封入给澄侯叔的信中寄回家里去了。我十二日到湖口，十九日夜里五更开船进入江西省，二十一日申刻就到了章门。别的不多说了。又示。

咸丰八年七月二十一日

家训启迪

《治家篇》中，透过这几封家书，我们可以看出曾国藩对于家庭及家人所给予的那种真切、朴实的关爱。对于如何治家持家，他也提出了一些需要注意的地方。

第一，家和万事兴。中国人"家和万事兴"的观念由来已久，曾国藩堪称千古治家之典范。俗话说"长兄如父"，曾国藩作为家中的长子，对待下面的八个弟弟素来关怀备至，就算他日理万机，忙于公务和应酬，也不忘关心家中的弟弟。他深知治家之理，认为如果要想使整个家族长久地繁荣昌盛，那么必须谨记"和"字。他在信中铺叙了"和"与"不和"的两种情况，并以身作则，用实际行动贯彻着"家和万事兴"的思想，为整个家族做出应有的表率。

第二，治家需要"勤、敬、和"。曾国藩在书信中教导弟弟及家中子侄要恪守"勤、敬、和"的治家准则，嘱咐弟弟们在家要孝敬父亲，祭奠母亲，亲近叔父、长辈，兄弟妯娌之间要互相体恤、和睦共处；他知道六弟、季弟性情比较懒惰，四弟、九弟比较勤快，就劝导他们懒惰的要变得勤快，勤快的要更加勤快，这样上行下效，为子侄辈做出表率；他还要求子侄们在读书之余，不可忘废洒扫等劳务，不能摆官宦人家的架子，要刻苦读书，勤奋劳作。当时正值战乱之际，曾国藩也不忘规劝诸弟及家中子侄要遵守这些准则，足见其对家事的重视，以及对家风家教的勤谨态度。

第三，勤俭持家。他在信中以"勤俭"为总则，对于婚事嘱托弟弟们要跟家中长辈商议，该丰的要丰，该省的要省，至于请客，更不宜过多。他认为家族要想长久兴旺，除了男子要讲求耕读之外，还要女子讲求饮食和穿衣二事。虽说新媳妇贺家女儿娇生惯养，但曾国藩仍以耕读人家的规范严格要求她，令其遵守"妇职"和"妇道"，并反复叮咛，要弟弟们告诉媳妇要循序渐进，务必遵守。

第四，以"谦""谨"来对待地方官员。曾国藩在家书中嘱咐家乡的同族亲戚，对县里的父母官要若远若近、不亲不疏，和他们保持距离，处理好与他们的关系。在嘱咐这一点时，不仅曾国藩在京城位居高官，就是四个弟弟中也有两个手握重兵，曾家一门可谓是位高权重。面对这种情况，家乡的地方官肯定少不了阿谀奉承，攀亲带故，因此，曾国藩再三告诫叮嘱在家管事的四弟，并让他告诫全族上下，与地方官员交往时，一定要保持距离，不热络也不疏远，这样才能不招人诟病，曾门一族才能长久兴旺。从这一点不难看出曾国藩恪守的中庸之道，他规规矩矩，既不走极端，也不完全墨守成规，对人谦和有礼、谨慎小心，同时，时刻注意与人交往的距离，这就是他久居高位的为官之道。

故事品读

勤苦生活的鲁迅

鲁迅一生写下了近七百万言的著作。为中国无产阶级的革命事业立下了不可磨灭的丰功伟绩。然而，他一生俭朴，不图安逸和享受。他的优良品德，不仅在当时传为美谈，而且为后人所敬仰。

鲁迅的饮食非常节俭朴素。他平时食用的饭菜很简单，根本不追求美味。他最喜欢吃的是鸡蛋炒饭，还有生黄瓜、脆花生、沙炒豆等。日常他吸的烟和吃的糖，也多是档次较低的廉价品。

鲁迅的衣着也特别朴素。他平时只穿旧布衣服，许广平同志给他买了一身毛葛衣服，没穿几天就送人了。他在日本留学时做的裤子，一直穿了 20 多年。他的脚上一年四季穿的是一双胶底帆布鞋。鲁迅去学校讲课时，也只是穿一身退了色的夹袍。而且还补了补丁。

鲁迅的学习、工作和生活作风十分勤苦。譬如，他注重与人诚恳交往，不论是革命同志的友谊来信，还是青年学生向他请教，他都以肺腑之言回敬或答复。他一生写了五千多封信，其中不少信封是他自己做的。平时他把零碎的纸张收集在一起，糊成信封。接到别人来信，如果信封较大，并且纸稍厚些，也总是把信封拆开，翻过来重新做成信封。此外，每次接到邮包，他总是把邮包的纸张摊开，按大小叠在一起。合适的也用来做信封。

鲁迅常说这样一句话：生活太安逸了，工作就被生活所累。他数十年如一日，不贪安逸，不图享受，俭朴生活，勤奋工作，不愧为后人学习的楷模。

拓展阅读

【原文】

吾岂老悖不念子孙哉！顾自有旧田庐，令子孙勤力其中，足以共衣食，与凡人齐。今复增益之以为赢余，但教子孙怠惰耳。贤而多财，则损其志；愚而多财，则益其过。且夫富者，众人之怨也；吾既亡以教化子孙，不欲益其过而生怨。

——《汉书·疏广传》

【译文】

我并不是老糊涂了，也不是不顾念子孙，只是家里本有旧田老宅，让子孙勤于耕作，足够用来供其衣食，与普通人相同。如今又增加了这么多剩余的钱财，它只能教子孙怠惰罢了。贤能而多有钱财，那么就会丧失其志向；如果愚蠢而又多有钱财，那么就更助长了他们犯错的心理。况且富人，是众人所怨恨的啊；我既然没有办法来教化子孙，也不想助长他们的过错而招致怨恨。

善行为本，多助他人

曾国藩以身作则，艰苦勤俭，同时他还在家书中提到希望能帮助亲友，救济孤儿寡母。书中言：“所寄银两，以四百为馈赠族戚之用”。在他自己富足的时候，他不忘兰姐、蕙妹，“同胞之爱，纵彼无觖望，吾能不视如一家一身乎？”这些都表现出曾国藩善行为本，帮助他人的良好品行。

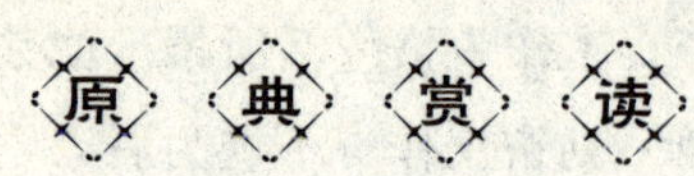

【原文】

六弟、九弟左右：

所寄银两，以四百为馈赠族戚之用。

兄己亥年至外家，见大舅陶穴而居，种菜而食，为恻然者久之。通十舅送我，谓曰："外甥做外官，则阿舅来作烧火夫也。"南五舅送至长沙，握手曰："明年送外甥妇来京。"余曰："京城苦，舅勿来。"舅曰："然！然吾终寻汝任所也。"言已泣下。兄念母舅皆已年高，饥寒之况可想，而十舅且死矣，及今不一援手，则大舅、五舅者又能沾我辈之余润乎？十舅虽死，兄意犹当恤其妻子，且从俗为之延僧，如所谓道场者，以慰逝者之魂，而尽吾不忍死其舅之心。

兰姊、蕙妹家运皆舛，兄好为识微之妄谈，谓姊犹可支撑，蕙妹再过数年，则不能自存活矣。同胞之爱，纵彼无觖望，吾能不视如一家一身乎？

欧阳沧溟先生夙债甚多，其家之苦况，又有非吾家可比者，故其母丧，不能稍隆厥礼。岳母送余时，亦涕泣而道。兄赠之独丰，则犹徇世俗之见也。

楚善叔为债主逼迫，抢地无门，二伯祖母尝为余泣言之。又泣告子植曰："八儿夜来泪注地，湿围径五尺也！"而田货于我家，价既不昂，事又多磨。尝贻书于我，备陈吞声饮泣之状，此子植所亲见，兄弟尝欲欷久之。

丹阁叔与宝田表叔，昔与同砚席十年，岂意今日云泥隔绝至此。知其窘迫难堪之时，必有饮恨于实命之不犹者矣。丹阁戊戌年曾以钱八千贺我，贤弟谅其景况，岂易办八千者乎？以为喜极，固可感也；以为钓饵，则亦可怜也。任尊叔见我得官，其欢喜出于至诚，亦可思也。

竟希公一项，当甲午年抽公项三十二千为贺礼，渠两房颇不悦。祖父曰："待藩孙得官，第一件先复竟希公项。"此语言之已熟，特各堂叔不敢反唇相稽耳。同为竟希公之嗣，而菀枯悬殊若此，设造物者一旦移其菀于彼二房，而移其枯于我房，则无论六百，即六两亦安可得耶？

六弟、九弟之岳家，皆寡妇孤儿，槁饿无策。我家不拯之，则孰拯之者？我家少八两，未必遽为债户逼取，渠得八两，则举室回春。贤弟试设身处地，而知其如救水火也。

彭王姑待我甚厚，晚年家贫，见我辄泣。兹王姑已殁，故赠宜仁王姑丈，亦不忍以死视王姑之意也。腾七则姑之子，与我同孩提长养。

诸弟生我十年以后，见诸戚族家皆穷，而我家尚好，以为本分如此耳。而不知其初皆与我家同盛者也。兄悉见其盛时气象，而今日零落如此，则大难为情矣。

凡盛衰在气象。气象盛，则虽饥亦乐；气象衰，则虽饱亦忧。今我家方全盛之时，而贤弟以区区数百金为极少，不足比数。设以贤弟处楚善、宽五之地，或处葛、熊二家之地，贤弟能一日以安乎？

凡遇之丰啬顺舛，有数存焉，虽圣人不能自为主张。天可使吾今日处丰亨之境，即可使吾明日处楚善、宽五之境。君子之处顺境，兢兢焉常觉天之过厚于我，我当以所余补人之不足；君子之处啬境，亦兢兢焉常觉天之厚于我，非果厚也，以为较之尤啬者，而我固已厚矣。古人所谓境地须看不如我者，此之谓也。

来书有"区区千金"四字，其毋乃不知天之已厚于我兄弟乎？兄尝观《易》之道，察盈虚消息之理，而知人不可无缺陷也。日中则昃，月盈则亏，天有孤虚，地阙东南，未有常全而不缺者。剥也者，复之机也，君子以为可喜也。夬也者，姤之渐也，君子以为可危也。是故既吉矣，则由吝以趋于凶；既凶矣，则由悔以趋于吉。君子但知有悔耳。悔者，所以守其缺而不敢求全也。小人则时时求全，全者既得，而吝与凶随之矣。众人常缺而一人常全，天道屈伸之故，岂若是不公乎？

今吾家椿萱重庆，兄弟无故，京师无比美者，亦可谓至万全者矣。故兄但求缺陷，名所居曰“求缺斋”，盖求缺于他事而求全于堂上。此则区区之至愿也。家中旧债不能悉清，堂上衣服不能多办，诸弟所需不能一给，亦求缺陷之义也！内人不明此意，时时欲置办衣物，兄亦时时教之。今幸未全备，待其全时，则吝与凶随之矣。此最可畏者也。贤弟夫妇诉怨于房闼之间，此是缺陷，吾弟当思所以弥其缺，而不可尽给其求，盖尽给则渐几于全矣。吾弟聪明绝人，将来见道有得，必且韪余之言也。

如弟所云“家中欠债千余金”，若兄早知之，亦断不肯以四百赠人矣。如今信去已阅三月，馈赠族戚之语，不知乡党已传播否？若已传播而实不至，则祖父受啬吝之名，我加一信，亦难免二三其德之诮，此兄读两弟来书，所为踌躇而无策者也。兹特呈堂上一禀，依九弟之言书之，谓朱啸山、曾受恬处二百落空，非初意所料。其馈赠之项，听祖、父、叔父裁夺，或以二百为赠，每人减半亦可；或家中十分窘迫，即不赠亦可。戚族来者，家中即以此信示之，庶不悖于过则归己之义。贤弟观之，以为何如也？

若祖父、叔父以前信为是，慨然赠之，则此禀不必付归，兄另有安信付去，恐堂上慷慨持赠，反因接吾书而尼沮。凡仁心之发，必一鼓作气，尽吾力之所能为，稍有转念，则疑心生，私心亦生。疑心生，则计较多而出纳吝矣；私心生，则好恶偏而轻重乖矣。使家中慷慨乐与，则慎无以吾书生堂上之转念也。使堂上无转念，则此举也，阿兄发之，堂上成之，无论其为是为非，诸弟置之不论可耳。向使去年得云贵广西等省苦差，并无一钱寄家，家中亦不能责我也。

【译文】

六弟、九弟左右：

寄回的银两，用四百两用来济赠亲戚。

我道光十九年去外婆家，见大舅住在窑洞里，用瓜菜作食物，对此在一段时间内我都很难过。通十舅送我时，对我说：“外甥去外地做官，你的烧火夫便由阿舅来当吧。”南五舅把我送到长沙，惜别时说：“明年我送外甥媳妇去京师。”我说：“京城很苦，舅舅不要来。”舅舅说：“我知道很苦。但你做官的地方我始终要找到。”说着就掉下泪来。我惦记着舅舅都年事已高，可想而知他们饥寒的情况，而且十舅已经去世，现在我们不伸手救援，则大舅、五舅等人我们还能给予他们什么援助呢？十舅虽死，我意仍应抚恤他的妻子儿女，并按习俗为十舅请和尚念经，对死者的灵魂进行慰藉，尽我对十舅去世的悼念之心。

家运不顺的还有兰姐、蕙妹，就当前情况看，我预计，兰姐还能支持，蕙妹再过几年，就难以维持生计了。同胞之爱，纵然她们对我们期望并不大，我们能不把她们看作为一家骨肉吗？

欧阳沧溟先生借的旧债很多，他家的苦境，我们根本没办法相比，因此他母亲去世，没有办法办隆重的丧礼。岳母送别我时，也是哭着诉说她家苦境的。我特别对她家多赠些钱，也是按世俗常理而行的。

楚善叔被债主逼迫得走投无路，入地无门，二伯祖母便向我哭诉。又哭着对子植弟说：“八儿夜间涕哭，泪流满地，足有五尺方圆的面积都湿了。”他想把田卖给我们家，价钱不高，却事又多磨。他曾写信给我，细述忍气吞声、暗中哭泣的状况，这种情况子植弟曾亲历，我和子植弟曾哀叹好长时间。

丹阁叔与宝田表叔，与我十载同窗，怎能料想到今日竟会有天壤之别。我想他们在极其窘迫难堪之时，必定也是对自己不济的命运多有抱怨。丹阁叔在道光十八年曾拿出八千钱祝贺我考上进士，贤弟可以对他家的境况体谅一番，难道拿出八千是容易的吗？说他是为我升官太高兴而为之，固然让人感激；说他是在抛钓饵，为以后讨好我，这种行为也值得人怜悯！任尊叔见我得官，他那种真诚的欢喜之情，也很让我怀念。

我中举是道光十四年的事，准备进京考进士，竟希公抽家中公用钱三十二千为我祝贺，其他两房的人都不高兴，祖父说：“等国藩做了官，第一件事先还竟希公的公用钱。”已说明白了这句话，因此各堂叔谁也不敢顶嘴。同样是竟希公的后人，而今贫富家境竟然如此悬殊，上天一旦把富裕移赐给其他两房，而转移给我们这房贫困，那不要说要我房出六百两，即便是六两，又去哪里找呢？

六弟、九弟的岳母家，都是孤儿寡母，没办法抵御饥寒。我家不救济，让谁去救济呢？我家少用八两钱，债主不一定马上来逼要，他们家如果得到八两，则扭转了全家生机。贤弟试着设身处地想想，便会明白把一点钱给他们，就如同救人于水深火热之中了。

彭王姑待我非常好，晚年家贫，见我就哭。而今王姑已去世，因此送一点钱给宜仁王姑丈，也是不忍心看着彭王姑的去世。腾七是姑母之子，和我从小就要好。

在我十岁之后诸弟才出生了，看见戚族家都很穷，而我家较富，认为原本就是这样的，而不知道起先他们都与我家一样兴旺。兄长我全部看到了他们兴旺时期的气象，而今竟穷成这般光景，这实在太难为情了。

人的气度决定家境盛衰。气度旺盛，则即使有饥寒也会有快乐；气度衰落，则尽管饱暖也会有忧愁的时候。如今我家刚进全盛的时期，而贤弟认为的区区百金这么少，不足以帮助人家渡过难关。倘若贤弟处于楚善、宽五的境地，处于葛、熊两家之境地，哪怕仅仅一天，贤弟能安生度过吗？

人们遇到的年景是丰收或歉收，日子过得顺心或不顺心，命运早已安排好了这一切，即便是圣人也不能改变。今天，上天既可使我家在顺利丰厚之境处之，明天，也就可以使我家陷于楚善、宽五之境。君子处在顺境之时，应当坚定地了解自己得到了上天的厚待，我应当以己之所余去救助别人之不足；君子处在困境时，仍应坚定地认为上天对自己并不刻薄，并不是果真多么厚待，只是与比我更为穷困者相比罢了。古人所说的看自己的境地好坏，只需看比自己穷的，就是这个道理。

来信有“区区千金”四字，这岂不是不懂得你我兄弟已得到上天厚爱的道理吗？我曾研究《易经》之道，考察盈虚变化的道理，从而认识到没有十全十美的人。日到正午就开始西斜，月到圆满就开始亏损，天有日辰不全，地有东南陷缺，没有常全不缺的。事物剥落了，便开始其复苏的机会，君子为此而高兴；人们感到满意了，反映了事物的渐善趋美，君子则认为这是危险的征兆。因此说，已达吉利之时，灾祸会由于太过吝啬而马上到来；灾难来临时，由于自己能反省悔过，就可能转为吉利。真君子只是懂得应该时刻悔过。懂得悔过的人，就能坚持按求缺过日子，便不敢奢求完美了。小人则时时求完美，得到了完美，随之而来的便是吝啬与灾难。世上多数人经常处于有短缺的情况，而只有个别人是处于完善的状况，这是天意有屈有伸的原因，这难道是不公平吗?

如今我们家父母、祖父母都健在，兄弟们平安，我在京城的家庭一切安好，也可称得上万分完美了。但我只求亏缺，因此把我的居室命名为“求缺斋”，求的是缺在其他事情上，而对于堂上老人则是求全。这是我的一点小小心愿。不能还清家中旧债，堂上老人衣服不能多办，诸弟之所需不能一一满足，也是求缺的意思。这个道理你们嫂子不懂，时时想着多置办点衣物，我也经常劝导她。而今幸而没有全备，等到齐备时，便躲不掉吝啬与灾难了。这是最可怕的事情。贤弟夫妇在家里彼此诉苦埋怨，这是缺陷。我的弟弟们应当考虑这个缺陷怎么弥补，而不可尽量满足他们的要求，由于尽量满足，便会逐渐接近齐全。我弟聪明绝人，将来见识多了，一定会认为我的话是对的。

倘若真像弟弟所说“家中还欠债千余金”，这个情况我若是早知道，那我决不会拿四百金去赠人。如今已有三个月了，自寄去那封信之后，馈赠族戚的话，不知乡党间已传出去没有？要是已传了出去，我们说得好听而实际不给人家，太吝啬的名誉便会落在祖父头上，我即便再写一封信作解释，也难免被人讥笑，这就是我读两弟来信后到底该怎么做而踌躇无策的缘故。现特呈堂上一信，所写的都依据九弟的道理，就说朱啸山、曾受恬处的二百不给了，其理由是考虑不周。馈赠多少，听从祖父、父亲、叔父决定，或用二百作馈赠，每人减半也可；或因我家困难，不赠也可。戚族有人来了，便让他们看这封信，或许这就不违背“有过自己承担”的原则了吧。贤弟看看，以为怎么样？

如果祖父、父亲、叔父认为以前的信是对的，要慷慨馈赠，便不必寄去这封信，我另写问安信回去，怕的是堂上大人本愿慷慨赠送，而终止馈赠的原因反而是由于我的信。凡仁爱之心一发，必须一鼓作气，尽力而为，只要稍微有回心转意的意思，疑心便生于转移之间，私心也就出现。疑心生，就会斤斤计较，出手吝啬；私心生，就会好坏不分，轻重颠倒。如果堂上想要慷慨馈赠，则要慎重而行，不要因为我的信而使堂上大人产生改变主意的念头。假如堂上大人不改变主意，便是由阿兄我发起此举，堂上老人成全，不管这事是对是错，诸弟都不要管这件事。假如去年我得到去云贵广西等省的苦差事，并没有往家寄一分钱，家中也不会责怪我吧。

家训启迪

除勤俭之外，曾国藩还劝诫子弟注重孝友、敦睦共处、不积钱财与善待邻里、亲族。他在1866年《致澄弟》中说：“处兹乱世，钱愈多则患愈大，兄家与弟家总不宜多存现银现钱，每年足敷一年之用，便是天下之大富，人间之大福矣。”又说：“凡家道所以可久者，不恃一时之官爵而恃长远之家规；不恃一二人之骤发，而恃大众之维持……老亲旧眷、贫贱族党不可怠慢，待贫者亦与富者一般，当盛时预作衰时之想，自有深固之基矣。”不过，远亲不如近邻，他1866年《谕纪泽儿》道：“‘有钱有酒款远亲，火烧盗抢喊四邻’，戒富贵之家不可敬远亲而慢近邻也。我家初移富塽，不可轻慢近邻，酒饭宜松，礼貌宜恭”，曾国藩教育他的儿子要多行善事，不要吝啬。

故事品读

陈君宾储粮赈邻镇

中国古代没有专门的救灾机构，如果碰上灾荒，主要由地方官负责赈济灾民。州县官吏能组织百姓度过荒年，已经很不容易了，如果还能救助其他州府的百姓，更是难能可贵。

唐太宗时期就曾有过这样一位出色的地方官陈君宾。陈君宾是陈朝鄱阳王陈伯山之子，隋朝时曾任襄国太守。唐高祖武德初年率全郡归顺唐朝。

贞观元年，任邓州刺史。邓州位于豫、鄂交通孔道，是防守荆、襄的门户。隋末的战乱对这里破坏非常严重，百姓流离失所，苦不堪言。史书上对邓州当时的情形曾有这样的描述："隋末乱离，毒被海内，率土百姓，零落殆尽，州里萧条，十不存一。"可见邓州遭受破坏多么严重。

唐初统治者忙于全国统一战争，也未更多地顾及恢复生产。陈君宾上任后，首先张发安民告示，招抚百姓返回家园，恢复生产。一个月的时间，流散各地的百姓纷纷回到邓州。小农经济具有易受破坏，恢复也快的特点。只要政治稳定，与民休息，轻徭薄赋，很快便可重新发展起来。由于治理得当，仅一年的光景，邓州的农业生产就已恢复，粮食丰收，州内一派繁荣景象。

第二年，全国各地普遍遭霜、涝灾害，关中六州等地遭受大旱，灾情十分严重，只有邓州没受到饥荒影响，百姓家家有粮食储备，足见陈君宾治农积储有方。这年因灾情较重，唐太宗下令灾区百姓可以到各地就食。远在五六百里外的蒲州（今山西永济县西）、虞州（今山西运城西南）的饥民都涌到邓州谋食。陈君宾带动全州官吏及百姓，以户为单位，每家根据自己的能力收养安置流民，使入境的灾民顺利度过了荒年。当灾民返回家园时，邓州的百姓仍有余粮，于是又把粮食换成布帛，送给灾民添置衣物。

唐太宗对邓州官民妥善赈济他州灾民的做法非常满意，不仅给每位官吏记了功，还给凡是安养饥民的百姓免除一年的户调，特意颁布诏书嘉奖他们。诏书中说：如此用意，嘉叹良深。一则知水旱无常，彼此递相拯赡，不虑凶年。二则知礼让兴行，轻财重义，四海士庶，皆为兄弟。变硗薄之风，敦仁慈之俗，政化如此，朕复何忧！

邓州官民顾全大局，深明大义，行助人为乐之风，赈救邻郡灾民，理应得到赞誉。但这一切，首先要归功于陈君宾稳定社会、发展生产的安民良策和率先垂范、以身作则的为官之道。

拓展阅读

【原文】

富人要怜念穷人也。……我们有吃有穿，一家饱暖，要想那莫穿莫吃、饥寒之人，何等凄惨。自己凡事节俭，若有余钱，便周济贫苦。从兄弟家门亲戚起，以次而推，不要吝惜。古人有言：你怜悯贫苦之人，天地神灵怜念于你。断无因周济贫困，子孙至于饥寒者。勉之勉之。

——《寻常语》

【译文】

富人要怜悯惦念穷人。……我们有穿的有吃的，一家温饱，要想想那些没衣穿没饭吃的饥寒之人，何等凄惨。自己凡事多节俭，如果有剩余的钱，就拿去接济贫苦人。先从自家兄弟亲戚做起，逐渐推广，不要吝惜。古人有言道：你怜悯贫苦之人，天地神灵就会垂顾于你。绝不会因为你接济贫困之人而使得子孙陷于饥寒，多多努力啊。

少怒为本，得以养心

曾国藩很注重养生，一来他觉得这是为父母负责的行为，孝行一直是他所力行的事情。在养生方面他还提出了许多自己的见解。他尤其提出，渐进老年，身体不如年轻气盛之时了，常常有控制不住发脾气的时候。但只要自己强制控制，便可以降心火，理肝气，保养身体。

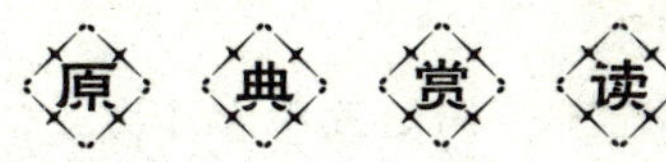

【原文】

澄弟左右：

乡间谷价日贱，禾豆畅茂，犹是升平气象，极慰极慰。此间军事，贼自三月下旬退出曹、郓之境，幸保山东运河以东各属，而仍蹂躏及曹宋徐四凤淮诸府，彼剿此窜，倏往忽来。直至五月下旬，一张牛各股始窜至周家口以西，任、赖各股始窜至太和以西。大约夏秋数月，山东、江苏可以高枕无忧，河南、皖、鄂又必手忙脚乱。

余拟于数日内至宿迁、桃源一带察看堤墙，即于水路上临淮而至周家口。盛暑而坐小船，是一极苦之事，因陆路多被水淹，雇车又甚不易，不得不改由水程。余老境日逼，勉强支持一年半载，实不能久当大任矣。因思吾兄弟体气皆不甚健，后辈子侄尤多虚弱，宜于平日请求养身之法，不可于临时乱投药剂。

养生之法，约有五事：一曰眠食有恒；二曰惩忿；三曰节欲；四曰每夜临睡洗脚；五曰每日两饭后各行三千步。惩忿，即余篇中所谓养生以少恼怒为本也。眠食有恒及洗脚二事，星冈公行之四十年，余亦学行七年矣。饭后三千步近日试行，自矢永不间断。弟从前劳苦太久，年近五十愿将此五事立志行之，并劝沅弟与诸子侄行之。

余与沅弟同时封爵开府，门庭可谓极盛，然非可常恃之道。记得己亥正月，星冈公训竹亭公曰："宽一虽点翰林，我家仍靠作田为业，不可靠他吃饭。"此语最有道理，今亦当守此二语为命脉。望吾弟专在作田上用些工夫，辅之以书、蔬、鱼、猪、早、扫、考、宝八字，任凭家中如何贵盛，切莫全改道光初年之规模。

凡家道所以可久者，不恃一时之官爵，而恃长远之家规，不恃一二人之骤发，而恃大众之维持。我若有福罢官回家，当与弟竭力维持。老亲旧眷贫贱族党不可怠慢，待贫者亦与富者一般，

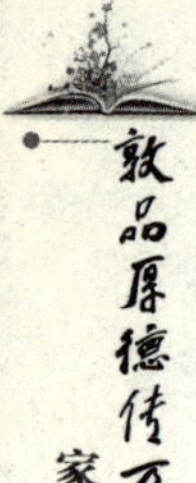

当盛时预作衰时之想，自有深固之基矣。

同治五年六月初五日

【译文】

澄弟左右：

听说近来乡里谷价日益降低，田里的禾苗豆苗还是异常茂盛，看似太平盛况，心中十分快慰!这段时间，敌人自三月下旬退出曹、郓境内，山东运河以东所属各县得以保全，但仍然蹂躏了曹、宋、徐、泗、凤、淮几府，此处清剿，彼处逃窜，便这样来去不定。直到五月下旬，张、牛各股，才窜到周家口以西。任、赖各股，才窜到太和以西。夏、科几个月过后，山东、江苏可以高枕无忧了。河南、安徽、湖北，可能会面临紧张的形势，地方官自然又要手忙脚乱了。

我准备在几天内到宿迁、桃源一带视察堤墙。去临淮到周家口都走水路，盛暑坐小船，是很苦的差事。因为水把陆地淹了，又不方便雇车，不得不改行水路；我年纪越来越接近于老迈，勉强支持一年半载，实在不能久担这个大任了。我想我们兄弟身体都不太好，后辈子侄尤其虚弱，要在平日注意养身，不可病急乱投医，更不能胡乱吃药。

养生的办法，大约有五个方面：一是要有规律的睡眠饮食；二是制怒；三是节欲；四是每夜临睡前泡脚；五是两餐饭后，各走三千步。制怒便是养生为主，少发脾气。眠食有恒、临睡洗脚二事，星冈公坚持了四十年，我也学习了七年，至于饭后三千步一事，近日我才开始实行，并打算从此永不间断。弟弟年轻时太过劳苦，现也年近五十了，希望你能实践这五个方面，并劝沅弟和子侄们实行。

我与沅弟同时封爵开府担任督抚，门庭盛极一时，然而，这些虚名是不能长久倚仗的。记得己亥正月，星冈公训竹亭公说：“宽一虽点翰林，但家业仍需仰仗种田，不可靠他为生。”这话很有道理，今天对这句遗训也应遵循并以此作为全家的命脉。希望弟弟在作田上多加用心，辅以书、蔬、鱼、猪、早、扫、考、宝八个字，不管家里如何富贵兴盛，道光初年的规模不要改变。

若要使家道长久兴盛，不可倚仗一时的官爵，而要以长远的家规为根本；不能倚仗一两个人的骤然发迹，其基础是大众的维持。我若有福苟活残年，待罢官回家之后，定当与弟弟同心竭力维持家道。老亲旧戚，贫困的族党，千万不可怠慢，要同等对待贫困富有者，不可有异样。兴盛之际也想到衰落之际，这样自然可以为我曾家奠定深厚坚实的基础了。

同治五年六月初五日

【原文】

沅弟左右：

廿六日接弟廿三日信。廿七日傍夕兰泉归来，备述弟款接之厚，才力之大，十倍竺虔旧仆。而言弟疾颇不轻，深为忧灼，闻系肝气之故。

吾日内甚郁郁，何况弟之劳苦百倍于我？此心无刻不提起，故火上炎，而血不养肝。此断非药所能为力，必须放心静养，不可怀忿呕气，不可提心吊胆，总以能睡觉安稳为主。兰泉言弟尚能睡。

今日接到寄谕，江西厘金之讼，仍是督抚各半。然官司虽输，而总理各国事务衙门奏拨五十万两专解金陵大营，未必尽靠得住，而其中有二十一万实系立刻可提者，弟军四五两月不致哗溃。六月以后，则淮北盐厘每月可得八万，故余转恼为喜。向使官司全赢，则目下江西糜烂，厘金大减，反受虚名而无实际，想弟亦以得此为喜也。兹将恭王咨文付阅，廷寄俟明后日咨去，即问近好。

国藩顿首。

【译文】

沅弟左右：

二十六日接收到二十三日的来信。二十七日黄昏，兰泉回到这里，详细叙述老弟对他的热情款待，财势简直比竺度以前那位随从大十倍。又听闻你病得很严重，我深感担忧焦急，听说是肝火上升的原因。

我这段时间很烦闷，更何况老弟比我多百倍的困苦烦恼呢？心每时每刻放不下，因此火气上升，而血脉不能顺气养肝。这种病药物根本不管用，一定要放下心来，安心静养，不能胸怀愤懑，自己生气，不能提心吊胆，最主要的便是睡不安稳觉，兰泉说老弟还是能睡着。

今天已收到寄来的圣旨，有关江西厘金的纷争，还是两江总督与江西巡抚各分一半。然而这场官司虽然输了，总理衙门奏准另拨款五十万两专门解往金陵大营。虽然不是很靠谱，但其中有二十一万两实际上唾手可得，因此老弟一军四、五两月之内不至于发生哗变崩溃的后果。六月以后，则淮北盐厘每月可收入八万两，所以才消除了我的怒气。如果官司全赢下来，眼下江西还乱成一团，厘金收入大减，我辈反而徒有占江西全省厘金之虚名却没收到实际利益，我想老弟也会因此次输掉官司而开心吧。现将恭王发来咨文让弟阅读。寄来的圣旨则等明后天以咨文发去。随信问候，希望一切都安好。

国藩顿首。

家训启迪

曾国藩说："兄弟体气皆不甚健，子侄尤多虚弱。"故家信中多有劝导养生之语。

曾国藩的养生之道以"少恼怒"为根本，以眠食为中心，以动静结合、养心与养身结合为特点，强调心理调节而不重视服药。1865年《谕纪泽纪鸿儿》："古以惩忿窒欲为养生要诀，惩忿即吾前信所谓少恼怒也，窒欲即吾前信所谓知节啬也。因好名好胜而用心太过，亦欲之类也。"他特别指出："节啬非独食色之性也，即读书用心，亦宜俭约，不使太过。"读书过于刻苦，不利养生，故"胸中不宜太苦，须活泼泼地，养得一段生机，亦去恼之道也。既戒恼怒，又知节啬，养生之道，已尽其在我者矣。"曾氏的养生说，立论集中在"尽其在我，听其在天"二语，贯穿着顺其自然、饮食有节、起居有时、生活有规律的主线。他向儿子指出："寿之长短，病之有无，一概听其在天，不必多生妄想去计较他。"养生重在调整自身的气血运行，不能依赖药物，这种强调内因作用的思想是合理的。

但他因庸医害人而有时否定医药，不免带有片面性。1860 年《字谕纪泽儿》说："药能治人，亦能害人。良医则活人者十之七，害人者十之三；庸医则害人者十之七，活人者十之三。余在乡在外，凡目所见者，皆庸医也。余深恐其害人，故近三年来，决计不服医生所开之方药，亦不令尔服乡医所开之方药。"不过，有病不服药是于养生无益而有害的，故他后来改为少服或慎服药。1865 年《谕纪泽儿》说："药虽有利，害亦随之，不可轻服。""凡多服药饵，求祷神祇，皆妄想也。"子弟有病，他不是劝他们放弃服药而是注意适当运动，调控好药疗与食疗的关系："每日饭后走数千步，是养生家第一要诀。""保养之法，亦惟在慎饮食、节嗜欲，断不在多服药也。"又说："后辈则夜饭不荤，专食蔬而不用肉汤，亦养生之宜，崇俭之道也。"

不过，养生不是为了求仙长寿，而是为了治家利业，故不能无所事事。"养生与力学二者兼营并进，则志强而身亦不弱，或是家中振兴之象。"

故事品读

谨慎服药的李婷

李婷，96 岁，江苏扬州人。虽然，李老年事已高，但她却身体硬朗，口齿清晰，精神特别好。

常有人问李老长寿的秘诀，李老总是笑呵呵地说："我也就是一个普通人，吃普通饭，做平常事，没有什么特别的。"

接着，李老会说："要说需要特别注意的，我倒有一点心得。"

这是李老经常讲的一件事："我身板硬，很少生病，也很少吃药。最让我记忆犹新的是我 60 多岁的时候，有一次，忽然得了腹泻，每天要去厕所三四次，我听朋友介绍，服用了一些抗生素药，病情反而加重了。后来到医院检查，才知道原本只是肠道易激综合征，由于乱服药把胃肠里的有益菌杀死了，反而导致久治不愈。所以，从此以后，我对服用药物非常慎重。”

李老正色道：“这是非常严肃、性命攸关的事情。记得前几年，我的外孙女患有慢性心衰，在医院治疗，病情一直控制得很好。她听病友说，到了这个年纪的妇女要补钙，就买了不少钙剂，服用后不久就发生了毒性反应，不得不住院治疗。可见，乱服药使人付出多么高的代价。”

李老劝我们谨慎服药，但却同时劝我们不要“讳疾忌医”，李老说：“生病了，得看医生，当然，能不服药最好。但如果必须服药，就要听医生的，我们要相信科学嘛！至于用药的量，我认为是最重要的，可不能自己胡乱服用，要在医生的指导下服用。”

拓展阅读

【原文】

养身之道，一在谨嗜欲，一在慎饮食，一在慎忿怒，一在慎寒暑，一在慎思索，一在慎烦劳。有一于此，足以致病，以贻父母之忧，安得不时时谨凛也。

——《聪训斋语》

【译文】

养身的道理，关键是做到以下几条：第一是要克制自己的欲望，第二是要合理地控制日常饮食，第三是要尽量少发怒，第四是要注意天气的冷热变化，第五是不要用脑过度，第六是不要过度劳累。这六条很重要，只要有其中某一条被疏忽了，或者做得不好，就可能导致生病，给父母带来忧虑，做子女的怎能不时时小心、认真对待呢？

第六章

庭训格言

《庭训格言》是康熙帝对他一生修身齐家、治理天下的经验总结，在其治国的六十一年中，可谓建树颇多，创业和守成之功绩举世无双。康熙帝非常珍惜自己所创立的事业，希望能将它传之千秋万代，他相信自己对人生和治国的每一点体会都是有益处的，因此编成《庭训格言》一书，传给子孙后代。

【作者简介】

康熙（1661—1722年），原名爱新觉罗·玄烨，清朝第二代皇帝，在位61年（1661—1722年），是中国历史上在位时间最长的皇帝。

顺治十一年（1654年），玄烨生于紫禁城景仁宫，顺治十八年（1661年）即帝位，时年八岁，由索尼、苏克萨哈、鳌拜、遏必隆四位大臣共同辅政，年号康熙。康熙六年（1667年）亲政，但他仍没有完全掌握皇权，直到两年后，十六岁的康熙联合侍卫索额图等人智捕鳌拜，才真正成为君主集权的皇帝。康熙六十一年（1722年）十一月十三日驾崩于北京畅春园，享年69岁，庙号圣祖。

康熙帝自幼勤奋读书、好学上进，精于历史、算学、地理、医学等多类学科。他一生历经坎坷，八岁丧父，九岁丧母，再加上内忧外患，民不聊生。虽面临的情况复杂，但他临危不乱，在祖母孝庄文皇后的帮助下，智擒鳌拜，裁撤三藩，收复台湾。康熙帝一生励精图治，政绩显赫，他积极抵抗外国的侵扰势力，与俄国确立了边界，并两次亲征准噶尔叛乱。因为其统治期间卓越的文治武功，被后人称为“千古一帝”。

康熙帝一生非常崇尚孝道，并身体力行，对其祖母、母亲极为尊敬。他的母亲康皇后去世后，几十年来，对其嫡母章皇后极为恭顺，每年都要亲自陪同章皇后去热河避暑。在康皇后病重期间，他每日前往寿宁宫探望，直至皇后驾崩。

此外，康熙帝还是清朝十二帝中子女最多的皇帝，他有儿子35人、女儿20人。

《庭训格言》是康熙帝对他一生修身齐家、治理天下的经验总结，在其治国的六十一年中，可谓建树颇多，创业和守成之功绩举世无双。康熙帝非常珍惜自己所创立的事业，希望能将它传之千秋万代，他相信自己对人生和治国的每一点体会都是有益处的，因此编成《庭训格言》一书，传给子孙后代。

法国传教士白晋先生亲身见闻了康熙帝教育皇子的各种方法，他在向法国皇帝路易十四的报告中说：“中国皇帝以父爱的模范施以皇子教育，令人敬佩。中国的皇帝特别注意对皇子们施以仁德教育，努力进行与他们身份相应的各种训练，如教之以经史、诗文、书画、音乐、几何、天文、骑射、游泳、火器等。”而在《庭训格言》中，白晋先生所讲的内容都有涉及。

康熙帝的子孙，多数能文善武，特别是在他之后的雍正皇帝和乾隆皇帝，在位期间，都有很大的作为，他们把封建社会推向一个繁荣的高潮，促进了社会的发展进程。也正是“康熙盛世”的基础，奠定了满清王朝两百多年的统治。而以上这些与康熙帝的仁德智慧和他的《庭训格言》是分不开的。

自任其过

古人云：“人恒过，然后能改。”同样，清朝的皇帝康熙也指出，“人以改过为贵”，能改的人，“皆不当罪之也”。并且他觉得，自己的过错，不能将之推给臣下。只要能认识到自己的错误，并能承担过错，那么就是品德高尚的人。

【原文】

训曰：凡人孰能无过？但人有过，多不自任为过。朕则不然。于闲言中偶有遗忘而误怪他人者，必自任其过，而曰：“此朕之误也。”惟其如此，使令人等竟至为所感动而自觉不安者有之。大凡能自任过者，大人居多也。

【译文】

作为人，有谁能不犯错误？只是人们有了过错，犯了错误，大多是自己不承认自己所犯的错误。我却不是这样。平常和人闲谈很少有因为自己遗忘而错怪他人的事情发生，事情过后，我一定会主动认错，并说：“这是我的责任啊!”正因为这样，竟至于使别人被我的行动大为感动并觉得不安起来，这种情况确实有过。大抵能够自己认错并能主动承担责任的人，多为品德高尚的人。

【原文】

训曰：凡天下事不可轻忽，虽至微至易者，皆当以慎重处之。慎重者，敬也。当无事时，敬以自持。而有事时，即敬之以应事物，必谨终如始，慎修思永，习而安焉，自无废事。盖敬以存心，则心体湛然。居中，即如主人在家，自能整饬家务，此古人所谓敬以直内也。《礼记》篇首以“毋不敬”冠之，圣人一言，至理备焉。

【译文】

对于世间发生的一切事情，都不能掉以轻心，即便是细小的事情，也应当持以慎重的态度。慎重，就是所谓的“敬”。在没有事的时候，用“敬”来约束自己的言行。在有事的时候，以“敬”心去应付一切，做任何一件事情，都一定要始终如一，谨慎小心，坚持谨慎持重的做事原则，并养成一种良好的习惯，就不会有什么过失、错误发生。所以说，一个人心中如果有了“敬”意，那他的身心就会处在一种厚重、澄清的状态之中。把“敬”放在心上，就如同主人在家，自然能够整理好家务，这就是古人所说的“敬”能够使一个人的内心变得正直的含义。《礼记》一开篇就用“毋不敬”作为开头之语，圣人的这一句话，的确是至理名言。

家训启迪

犯了错误却不愿意承认错误，是误以为承认错误就等于输掉了尊严。为了尊严而拒不认错，不仅伤害了同事间坦诚共事的气氛，而且暴露出自己经不起风浪的狭小胸怀，更把自己的尊严变成了一种孤独的固执。领导者主动承担错误，不仅能在感动大家的同时拾回尊严，而且有利于营造出一种坦诚相处的追求真理的工作氛围。拒不认错就等于坚持错误，坚持错误就等于自取灭亡。承认错误是为了改正错误，只有能及时改正错误的人才能不断增益，自强不息。

故事品读

李离自尽赎过

李离是春秋时晋文公手下的一个狱官。他执法严明、公正无私。

有一次，他的下属向他呈报了一个杀人案件。他仔仔细细地听了下属的案情报告，说人证物证俱在，案情十分清楚。还说那犯人虽开始拒不承认，但后来经过几次审问，他终于承认死者是他所杀。李离觉得此案并无什么漏洞，便没有亲自提审犯人，他大笔一挥，将被告判了死刑。那犯人依法被处斩了。

不久，官府意外地查出了此案真正的杀人凶手。原来是那杀人真凶杀人后采取了嫁祸于人的伎俩，蒙骗了办案的人。

李离得知此事后，追悔莫及。于是，他毅然自枷上朝，怀着十分内疚的心情，来到晋文公面前，跪下并自首道："臣冤杀无辜，罪该万死，愿以七尺之躯，偿死者之命。"

晋文公面对这个执法无私的大臣，深感他是个难得的人才，不忍心将他处死。便劝说道："人死了不能复生，那人既已处斩了，何必还要搭上一条命呢？"又说："造成冤案的责任主要在于你的下属，要罚就处罚他们好了。"

说着，晋文公亲自走上前去，给李离打开了刑枷，扶他起来。

李离仍旧跪着，不肯起来，他说："国家的法律规定：法官错判刑的，应当服刑；错杀人命的，应当抵命。倘若国君不治臣的死罪，那么，将来草菅人命的事情还会发生呀！再说，我的职务比下属高，俸禄比下属多，职位不让给人家，俸禄不分给人家，如今我轻信诬告，错杀了人，哪能把责任推给人家呢？"

"照你说来，你的下属办了错事，你认为自己有罪，而你是我的臣子，那么，我也有罪呀。"晋文公继续劝慰他说。

李离回道："国君委我以重任，而我却没有尽到自己的责任，有负国君厚望。如今错杀了人，就应当依法处治。臣以为不论官阶高低，治罪应当一视同仁，况且王子犯法，与民同罪。现在我既犯下死罪，怎么可以不受处治呢?”

李离见晋文公仍摇头不准，便站起身来，拔出佩剑，自刎而死。晋文公见此情景悲恸不已，事后，下令厚葬了李离，并将此事通告了全国，号召大家向他学习。

拓展阅读

【原文】

曾子曰：“吾日三省吾身——为人谋而不忠乎？与朋友交而不信乎？传不习乎?”

——《论语》

【译文】

曾子说：“我每天多次反省自身——替人家出谋划策而不忠诚吗？和朋友交往不够诚信吗？老师传授的知识不复习吗?

君者仁心

仁民爱物，这是以德服人的中心。“训曰：仁者无不爱。”爱包括“爱人爱物”两个方面，爱人就要设身处地为他人着想，“己逸，则必念人之劳；己安，而必恩人之苦。万物一体，痌瘝切身，斯为德之盛，仁之至。”天地间万事万物均属一体的不同部分，故别人的病痛就如同自己的病痛一样，这才是君王盛大的恩德，最高的仁爱。

【原文】

训曰：仁者无不爱。凡爱人爱物，皆爱也。故其所感甚深，所及甚广。在上则人咸戴焉；在下则人咸亲焉。己逸，则必念人之劳；己安，而必思人之苦。万物一体，痌瘝切身，斯为德之盛、仁之至。

训曰：尔等见朕时常所使新满洲数百，勿易视之也。昔者太祖、太宗之时，得东省一二人，即如珍宝爱惜眷养。朕自登极以来，新满洲等各带其佐领或合族来归顺者，太皇太后闻之，向朕曰："此虽尔祖上所遗之福，亦由尔怀柔远人，教化普遍，方能令此辈倾心归顺也。岂可易视之？"圣祖母因喜极，降是旨也。

【译文】

君子没有他不关爱的。爱人、爱物，都是从内心发出的爱。因此他的感受非常深，他所关爱的对象也非常广。所以当他身居高位的时候，人们都爱戴他；哪里怕他身份低微，则人们都愿意亲近他。当他自己安闲的时候，一定会想到其他人的辛劳；当他自己安适时，也一定会虑及他人的劳苦。他对天下万物都一视同仁，一切的苦和病，他都感同身受，这就是道德的最高修养，仁爱的最深境界了。

你们看见我经常派往新满洲的使者有数百人之多，可千万不要小看了这件事。过去，太祖、太宗在位的时候，能得到东三省来归顺的一两个人，往往视为珍宝，倍加关爱，并给以特别的照顾。自我即位以来，新满洲等地方的首领们纷纷带着他们的佐领官，或者是全族百姓前来归顺我们清朝。太皇太后听说这件事后，对我说："这虽是你祖上留下来的福分，但也是由于你安抚边远之人，使德教风化遍及全国，才使这些人诚心诚意前来归顺的啊。怎么能够小看这件事呢？"圣祖母因为太兴奋了，所以特意下达了这一圣旨。

家训启迪

任何一颗充满仁爱的心都是一个广阔无边的海洋，都具有漫天浸地般圣洁的力量。尽管未必每一束浪花都能到达天底下每一个角落，但只要一息尚存，就源源不断地奋起浪花，勇敢坚定地驾驭着鼓动着这浩瀚的爱的心海。这是一颗帝王之心，一颗由中原传统文化铸造出来的具有满族血统的帝王之心。从这里也可以看出中原文化扩展为中华民族文化的演变过程及伟大意义。

故事品读

刘秀“仁”定天下

刘秀为南阳蔡阳（今湖北枣阳）人，东汉开国皇帝。新莽末年，海内分崩，天下大乱，身为一介布衣却有前朝血统的刘秀与其兄在家乡乘势起兵，并在昆阳之战中一举歼灭了新莽王朝的主力。

25年，刘秀与绿林军公开决裂，在河北登基称帝，建立了东汉王朝。经过长达十数年之久的统一战争，刘秀先后平灭了更始、建世和陇、蜀等诸多割据政权，使得自新莽末年以来，纷争战乱长达20余年的中国大地再次归于一统。

建武三年（27年），刘秀亲率大军前往宜阳，截断了赤眉军的退路。赤眉军的小皇帝刘盆子惊惧万分，他说：“我们虽有十万大军，却早已是惊弓之鸟，无力再战了。”大臣们也说：“我们投降，只怕刘秀不肯放过我们啊！”无奈刘盆子派刘恭去谈判。

刘秀召见刘恭，不仅答应了他们的投降请求，还下令赐给他们食物，让长期饥饿不堪的十万赤眉军将士吃饱了肚子。

刘秀还安抚刘盆子说：“你们虽有大罪，却有三善：你们攻城占地，富贵之时，自己原来的妻子却没有舍弃改换，此一善也。立天子能用刘氏的宗室，此二善也。你们诸将不杀你邀功取宠，卖主求荣，此三善也。”

刘秀的手下深恐赤眉军再起叛乱，私下对刘秀说：“陛下仁爱待人，只需安抚住赤眉军将士即可。刘盆子身为敌人头领，难保不生二心，此人不可不除啊。”

刘秀对手下人说：“行仁之义，全在心诚无欺，如此方有效力。朕待他不薄，他若再反，那是他自取灭亡；朕若背信枉杀，乃朕之失，自不同也。”真正的统治者绝不会一味残暴用事，他们是仁慈的。仁慈往往比杀戮更有功效。

刘秀对刘盆子赏赐丰厚，还让他做了赵王的郎中。人们在称颂刘秀的贤德时，天下的混乱局面也逐渐平息下来，日渐安定。由于他为国、为民尽心尽力，被后世之人称颂，真正做到了由小善转为大善。

拓展阅读

【原文】

爱人不亲，反其仁；治人不治，反其智；礼人不答，反其敬。

——《孟子·离娄上》

【译文】

你爱护别人但人家不亲近你，就反省自己的仁爱够不够；你管理人民却管不好，就要反省自己才智够不够；待人以礼对方不报答，就要反省自己恭敬够不够。任何行为如果没有取得效果，都要反过来检查一下自己，只要自己本身端正了，天下人民就会归顺你了。

克己约人

孔子认为约束自己是倡导道德修养的一种方法。他认为“克己”是实行“忠恕之道”的先决条件，也是爱人的先决条件。杜牧曾在《卢搏除庐州刺史制》中提出：“故行令不如行化，律人不如律身。”纪昀也曾说：“然用以律己则可，用以律人则不可。”康熙在他的《庭训格言》中也指出，要想治人，必先治心，而治心之要，却在克己。

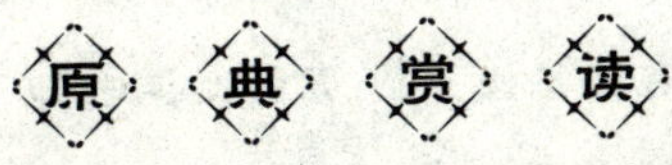

【原文】

同治元年五月己亥，谕内阁：前任太常寺少卿李棠阶奏条陈时务一折。据称：用人行政，先在治心；治心之要，先在克己。

请于师傅匡弼之余，豫杜左右近习之渐。并于暇时讲解《御批通鉴辑览》及《大学衍义》等书，以收格物意诚之效。

【译文】

同治元年（1862年）五月己亥，谕告内阁：前任太常寺少卿李棠阶所奏有关当代时事看法的条陈折文。据他所说：用人之事，首先要治其心；而治心的关键，则首先约束自己。希望在师傅辅佐、指导之外，预先杜绝左右亲幸之人的坏影响，并在闲暇之时，讲解《御批通鉴辑览》和《大学衍义》等书，通过这种方法，以求达到使自己能推究事物的原理、端正思想的目的。

【原文】

训曰：如朕为人上者，欲法令之行，惟身先之，而人自从。即如吃烟一节，虽不甚关系，然火烛之起多由此，故朕时时禁止。然朕非不会吃烟，幼时在养母家，颇善于吃烟。今禁人而己用之，将何以服之？因而永不用也。

【译文】

我身为皇帝，倘若让法规能够顺利实施，只有自己身体力行，众人才会跟着去做。比如吸烟这件事，虽然它与国家大事没有什么关系，然而火灾的发生常常由它引起，所以，我时时下令禁止吸烟。其实，我并不是不会吸烟，小时候在养母家里，我就开始吸烟。现在我下令禁止别人吸烟而我自己却不在禁止之列，怎么能够让别人信服？因此，为了让众人执行禁令，我就坚决永不吸烟。

家训启迪

当政者制定和推行法令，只有像康熙戒烟一样痛下决心、从我做起，才能使法令能够公平正大地布行天下。如果在大会上正颜厉色地要求部下廉政拒腐，自己却在私下里疯狂受贿，纵有再多再严的惩治腐败的法律条文，都只会沦为自我嘲讽的一纸空文。这种现象如果迟迟得不到纠正，任其潜滋暗长，世风就会变成一个能消解和吞噬一切纲纪的黑洞。法大如天，无有例外，才能显出法令的威力和尊严。

故事品读

曹操割发代首

曹操，字孟德，小字阿瞒，一名吉利，沛国谯人。中国东汉末年著名的军事家、政治家和诗人，三国时代魏国的奠基人和主要缔造者，后为魏王。

东汉末年，曹操为了统一中原，实现自己的政治理想，招兵买马，积草囤粮，千方百计拉拢人才。

他派人起草并颁布了“屯田令”，同时，命令军队也要大量开荒地，实行军屯。并严令士兵保护庄稼，不准践踏禾苗，若违反，就按军法处治。

一次，正是麦熟时节，曹操带兵出征，任务紧急，队伍行军急速。老百姓都躲得远远的，不敢收割庄稼。曹操得知后，就传下军令，士兵如有践踏麦田的，立即斩首示众，请父老乡亲不要害怕。

士兵们都小心翼翼地走过麦田，曹操骑着马，麦田里突然飞出一只鸟，这只鸟正从曹操骑的马头上掠过。战马受惊，一边嘶叫一边四蹄奋起窜进旁边的麦田。当曹操用力将马勒住停下来时，低头一看，踩倒了一大片麦子。于是，曹操赶紧跳下马，对主管法令的官说：“我的马将麦子踩坏，我违犯了禁令，请求按军法议罪。”

主管法令的官为难地说：“将军是一军的主帅，怎能议罪？”

曹操又说：“我自己制定的法令，我违犯了不治罪，怎么能够服众？”

主管法令的官又说：“对尊贵的人是不能施加刑罚的。您是一军的主帅，何况踏坏麦田又不是存心违法，而是由于意外，我看就不必议罪了。”

曹操听了，略略沉思一会儿，说道：“既然这样，那就暂且免去死罪吧，但是，我犯了错误也应该受罚！”说完，他脱下帽子，用剑把自己的头发割下一绺来，用力掷在地上说道：“姑且用割发代替砍头。”

古人认为，头发是从父母那里继承来的，随便割掉不仅大逆不道，而且还是不孝的表现。曹操作为封建社会的政治家，能够割发代首，以身作则，实属难能可贵。

曹操割发严守军令的事，很快在全军传开了。全军上下，个个敬畏，人

人遵守军令，无一敢违反。当时，在曹操的屯田基地——许昌，军民共同发展农业，保护庄稼。这样，使被战乱破坏的农业生产渐渐恢复与发展起来。这为曹操打败群雄、统一北方，打下了坚实的经济基础。

拓展阅读

【原文】

昔伏波将军马援戒其兄子，言："闻人之恶，当如闻父母之名，耳可得而闻，口不可得而言也。"斯戒至矣！人或毁己，当退而求之于身。若己有可毁之行，则彼言当矣；若己无可毁之行，则彼言妄矣。当则无怨于彼，妄则无害于身，又何反报焉？且闻人毁己而忿者，恶丑声之加人也。人报者滋甚，不如默而自修己也。谚曰：'救寒莫如重裘，止谤莫如自修。"斯言信矣。

——《三国志·王昶传》

【译文】

过去伏波将军马援教育他的侄儿们说："听说别人的过失，就要像听到父母的大名一样，耳朵听，口不能说。"这是至理名言。有人给你提意见，你回去就要好好反省自己。如果自己有值得检讨的地方，那么他说得就是正确的。如果自己没有什么值得检讨的，那么他所说的就是不正确的。不要埋怨别人，别人说错了对你并无损害，何必要报复别人呢？听到别人提意见而怨恨，就会给别人留下了坏名声。与其抱怨别人，不如悄悄地进行自我反省，从而严格要求自己。常言说得好："御寒要多穿衣服，消除流言则要严于律己。"这是一句大实话啊！

——《三国志·王昶传》

阅书立道

康熙讲的“学”，首先是读书，训诫道：“尔等平日诵读及教子弟，惟以经、史为要。夫吟诗作赋，虽文人之事，然熟读经史，自然次第能之。幼学断不可令看小说……是皆训子之道，尔等其切记之。”他认为，小说对儿童起不到“指点本心”的作用，诗赋也可置后，关键是读经史。要讲读《尚书》，《尚书》虽以道政事，然上而天道，下而地理，中而人事，却“无不备于其间，实所谓贯三才而亘万古者也。”因而不仅“帝王之家固必当讲读，即仕宦人家有志于事君治民之责者，亦必当讲读。”还要读《易经》，“《易》为四圣之书……朕惟经学为治法之要，而诗书之文、礼乐之具、春秋之行事，罔不于《易》会通。”所以，凡是读书者不可不学《易》，学《易》又不可不认真。读经虽有益于理解诗，但读诗也是学习的重要内容。中华经典的传承使中华儿女一脉相承，从尧、舜二帝开始，就有了治理国家的方法。因此康熙皇帝教育他的儿女一定要读书，尤其《书经》等典籍，以从中学习圣人的思想品德、理想抱负，以及治国之道。

【原文】

训曰：《书经》者，虞、夏、商、周治天下之大法也。《书》传序云：“二帝三王之治本于道，二帝三王之道本于心，得其心则道与治固可得而言矣。”盖道心为人心之主，而心法为治法之原。精一执中者，尧、舜、禹相授之心法也。建中建极者，商汤、周武相传之心法也。德也仁也，敬与诚也，言虽殊而理则一，所以明此心之微妙也，帝王之家所必当讲读，故朕训教汝曹皆令诵习。

然《书》虽以道政事，而上而天道，下而地理，中而人事，无不备于其间，实所谓贯三才而亘万古者也。言乎天道，《虞书》之治，历明时可验也；言乎地理，《禹贡》之山川，田赋可考也；言乎君道，则《典》《谟》《训》《诰》之微言可详也；言乎臣道，则“都俞吁咈告诫敷陈之忠诚可见也；言乎理数，则箕子《洪范》之九畴可叙也；言乎修德立功，则六府三事、礼乐兵农，历历可举也。然则帝王之家固必当讲读，即仕宦人家有志于事君治民之责者，亦必当讲读。孟子曰：“欲为君尽君道，欲为臣尽臣道，二者皆法尧舜而已矣。”在大贤希圣之心，言必称尧舜。朕则兢业自勉，惟思体诸身心，措诸政治；勿负乎“天佑下民、作君作师”之意已耳。

【译文】

《书经》是虞舜和夏、商、周几代治理天下的方法经验。《书经》传序中说：“尧、舜二帝和夏禹、商汤、周武王三王治理国家是依据‘道’，二帝三王依据的‘道’则来源于‘心’，得到了这个‘心’，那么不仅可以知道什么是道，如何根据道治理天下，而且还可以了解道和治的详细内容。”其实，道德观念是人心的主体，而心法是使国家达到强盛的根本。只有尧、舜、禹传授给后人的心法，才称得上精粹纯一，中正不阿，不偏不倚；只有商汤、周武传下来的心法，才称得上治国平天下的楷模。古人所讲的“德”“仁”“敬”“诚”等，说法虽然不一样，但其中的道理却是一样的，都是用来阐明心的微妙之处的，因而，帝王之家一定要认真讲读，这就是我教导你们学习《书经》的缘故。

虽然如此，《书经》主张以“道”治理天下，但上至自然规律，下至天文地理，以及世间种种人事，没有不包含在“道”之中的，它实在是贯穿于天、地、人和古往今来的全部历史了。谈论“天道”与《虞书》上论“治”的关系，有明一代的历史可以作为见证；谈论地理，《禹贡》上山川地理的理论，可从今天的田赋问题中考查到；谈论为君之道，则可以从《尧典》《大禹谟》《伊训》《汤诰》等篇章的精微之言中获得比较详细的知识；谈论为臣之道，则可以从书中君臣间的论政问答、气象雍睦之词和为臣者竭尽忠诚的进谏、陈述之文中比较清楚地了解到；谈论“理数”等道理，箕子所作的《洪范》中的《九畴》篇中有比较透彻的论述；谈论修养德行、建功立业之类的事，要从书中列举有关政府机构、职能分工等内容中获得。由此可见，不仅帝王家一定要谈论学习《书经》，即使是那些仕宦人家出身且有志于侍奉君主、为治理民众尽心尽力的人，也应当认真学习讲读《书经》这部经典。孟子说：“要想使做君王的尽君道，做臣子的尽臣道，二者只有效法尧舜这一种方法了。”像孟子这种道德高尚完备的人，他们所说的、想的，都离不开尧、舜。我则只有兢兢业业，勤奋自勉，把尧、舜的思想品德、理想抱负等实践于自己的身心，实行于今天的政治，才不辜负上天让我们保佑下民、为君为师的好意。

家训启迪

书是人类智慧的结晶，书是历史经验的总结，书是社会生活的反映。读书，可以彻悟人生意义；读书，可以洞晓世事沧桑；读书，可以广济天下民众；读书，可以深入科技殿堂。古人说：“人可一日不食肉，不可一日不读书。”指的就是这个道理。读书固然重要，但读好书更为重要。经典的书籍经过世事沧桑，之所以能够传承至今，足以显现其中的意义深远，值得我们细细地品读，从中学习做人、处世、安家、治国之道。康熙皇帝这样教育他的子女，我们也要从中吸取教诲，向古人学习，成为道德高尚、知识渊博、品行完备的一代新人。

“不学诗，无以言”，“不学礼，无以立”，这是孔子的千古训言。这之所以被人们推崇，是在于：其一，“不学诗，无以言”，名为读书学习，积累知识，实为鼓励人成才；其二，“不学礼，无以立”，是端正务实的为人处世态度。所以这则家训，在当今仍有很大的借鉴意义。

故事品读

宋太宗读书

宋太祖赵匡胤和宋太宗赵光义都是武将出身，他们深知不能马上治天下的道理，所以极为重视读书。他们以身作则，经常翻阅各种书籍，尤其喜欢读史书，从中了解历朝历代的兴衰更替。

宋朝初年，宋太宗赵光义命文臣李防等人编写一部规模宏大的分类百科全书——《太平总类》。这部书收集摘录了一千六百多种古籍的重要内容，分类归成五十五门，全书共一千卷，是一部很有价值的参考书。

对于这样一部巨著，宋太宗规定自己每天至少要看两三卷，一年内全部看完，遂更名为《太平御览》。当宋太宗下定决心花精力翻阅这部巨著时，曾有人觉得皇帝每天要处理那么多国家大事，还要去读这样一部大书，太辛苦了，就劝告他少看些，也不一定每天都得看，以免过度劳累。可是，宋太宗却回答说："我很喜欢读书，从书中常常能得到乐趣，多看些书，总会有益处，况且我并不觉得劳累。"

于是，他仍然坚持每天阅读三卷，有时因国事忙耽搁了，他也要抽空补上，并常对左右的人说："只要打开书本，总会有好处的。"

宋太宗由于每天阅读三卷《太平御览》，学问十分渊博，处理国家大事也十分得心应手。当时的大臣们见皇帝如此勤奋读书，也纷纷效仿，所以当时读书的风气很盛。后来，"开卷有益"便成了成语，形容只要打开书本读书，总有益处。常用以勉励人们勤奋好学，多读书。

拓展阅读

【原文】

陈亢问于伯鱼曰："子亦有异闻乎？"

对曰："未也。尝独立，鲤趋而过庭。曰：'学诗乎？'对曰：'未也。''不学诗，无以言。'鲤退而学诗。他日，又独立，鲤趋而过庭。曰：'学礼乎？'对曰：'未也。''不学礼，无以立。'鲤退而学礼。"闻斯二者，陈亢退而喜曰："问一得三，闻诗，闻礼，又闻君子之远其子也。”

——《论语》

【译文】

陈亢问孔鲤：“从你父亲那里受到的教育有没有不同于我们的？”

孔鲤回答道：“没有。曾有一次，父亲站在堂前，我刚好快步走过。他就问我：‘读《诗》了吗?’我回答道：‘还没。’他立即教导我：‘不读《诗》，那么你在社会上或官场上将无话可说。’我退下而读《诗》。又有一次，父亲仍站在堂前，见我快速从他身前走过。便问道：‘学习礼仪制度了吗?’我回答道：‘没有。’父亲又告诫说：‘不学习礼仪制度，将无法为人处世。’我退下而学习礼仪制度。”陈亢听到了这二件事，回去高兴地说：“我问一件事，而有三点收获：得知‘诗’的作用，礼的作用，又知道老师并不偏爱自己的儿子。”

广开言路

康熙皇帝认为对任用的官员既要信任，广开言路，参考众论，又要详加审察，断之己意，“盖众谋独断，不容偏废。”但还说话，“凡天下事，不可轻忽，虽至微至易者，毕当以慎重处之。”这说明康熙皇帝既能广开言路，更能以敬重之心处事。因为他说：“慎重者，敬也。”

【原文】

训曰：人君以天下之耳目为耳目，以天下之心思为心思，何虑闻见之不广？舜惟好问好察，故能“明四目，达四聪”，所以称大智也。

训曰：世人秉性何等无之，有一等拗性人，人以为好者，彼以为不好；人以为是者，彼反以为非。此等人似乎忠直，如或用之，必然偾事。故古人云“好人之所恶，恶人之所好，是谓拂人之性，灾必逮夫身”者，此等人之谓也。

训曰：凡大人度量生成与小人之心志迥异。有等小人，满口恶言，讲论大人，或者背面毁谤，日后必遭罪谴。朕所见最多。可见，天道虽隐而其应实不爽也。

【译文】

身为皇帝，能以天下人的耳目作为自己的耳目。以天下人的想法当作自己的想法，还用担心自己所见所闻不广博吗？舜正是由于喜好询问，喜好观察，才能够广开四方之视听，洞察社会的情况，所以，才被后人称之为有大智慧的人。

社会中什么样性格的人都有。有一种性格执拗、古怪的人，别人以为好的，他却认为不好；别人以为是对的，他却以为是错的。这种人看起来好像忠贞正直，假如用他办事，必然会失败。所以古人说：“喜好别人所厌恶的，憎恨别人所喜欢的，这就叫做逆拂而为，定会引祸上身。”说的就是这类人。

高尚人的胸怀与卑贱小人的心志完全不同。有一种小人，满嘴讲的是恶毒的语言，对高尚的人常常说三道四，或者背后诽谤中伤，这种人日后必定会遭到报应、惩罚。这种事我见得多了。由此可见，天道虽然隐秘，但对善恶人的报应却是不会有差错的。

家训启迪

一个人不怕犯错误，就怕不肯虚心接受人家的劝告、意见和建议。当局者迷，需要旁观者来谆谆告诫，方可脱胎换骨、初露锋芒。

俗话说“忠言逆耳利于行，良药苦口利于病。”但又有几人能够真正做到敞开胸襟，听言纳谏呢？尤其是九五之尊的皇上，能够做到如此，实在是难得。康熙皇帝在位60多年，曾多次私访民间，最主要的目的就是要亲眼看看天下百姓是否是其在朝堂之上所知的那样。

首先，从《庭训格言》中我们至少可以学习到为人者，尤其是作为高高在上的领导者一定要敞开心扉，多听取别人的意见，这样才能集思广益，达到事半功倍的效果。

其次，听取别人的意见固然重要，但万万不可偏听偏信，被小人蒙蔽了双眼，一定要明辨是非，去伪存真地汲取别人的智慧。这也是作为高尚的人以及拥有智慧的人所必备的重要品质。

故事品读

唐太宗纳谏

听取臣子的意见，是唐太宗闻名的一个特点，因为有大臣的建议，他放弃了很多决策，哪怕有时候让他下不来台。

有一次，唐太宗想要去秦岭山中打猎取乐，行装都已准备停当，却迟迟未能成行。后来，魏徵问及此事，唐太宗笑着答道："当初确有这个想法，但害怕你又要直言进谏，所以很快打消了这个念头。"

还有一次，一个老臣因为贪污获罪入狱。看到昔日的战友已经成了佝偻老人，儿女成群家境拮据，唐太宗就命人送了一些财物过去，悄悄饶了他的罪。这件事情被魏徵知道后，马上开始谈论治理国家的大道理。唐太宗都已经送出去财礼了，也只得收回，维持原判。不过这也避免了其他老臣贪污犯罪的事情发生。

任何决策者都不可能掌握全部的信息和资源，所以在作出决策之前，必须听取别人的意见，唐太宗就是这样做的。唐太宗因为善于纳谏，因而成了一代明主。我们在做事情的时候，也应该认真听取各方面的意见，全面了解情况，才能明辨是非；如果只听一方面的意见，就会作出错误的判断。一个兼容并包的人，无论是什么人的批评或者建议，他都能洗耳恭听。正如明朝陈继儒所说："能受善言，如市人求利，寸积铢累，自成富翁。"

拓展阅读

【原文】

大凡敦厚忠信，能攻吾过者，益友也；其谄媚轻薄，傲慢亵狎，导人为恶者，损友也。

——《训子帖》

【译文】

总的说来，那些忠厚诚实，能够指出我们错误的人，就是益友；那些用卑贱的态度向人讨好、轻佻浮薄、傲慢不庄重，引导人走向恶的朋友，就是损友。

以敬处世

康熙说："君子修德之功，莫大于主敬。内主于敬，则非僻之心无自而动；外主于敬，则惰慢之气无自而生。"时时处处事事都不忘敬，这才是正人君子无处不存敬畏之心，处处为人正派的缘故。

【原文】

训曰：凡人持身处世，惟当以恕存心。见人有得意事，便当生欢喜心；见人有失意事，便当生怜悯心。此皆自己实受用处。若夫忌人之成，乐人之败，何与人事？徒自坏心术耳。古语云："见人之得，如己之得；见人之失，如己之失。"如是存心，天必佑之。

【译文】

一个人立身处世，应心存宽容。看见别人有喜悦的事情，就应该为他高兴；看见别人有失落的事情，就应该对他表示怜悯、同情。其实，这种心态对自己也很有好处。如果一个人只知道嫉妒别人的成功，对别人的失败表示幸灾乐祸，那怎么能和别人一起共事呢？只是坏了自己的心思罢了。古人说过："看到别人有所得，就如同自己有所得；看到别人有所失，就如同自己有所失。”存有这种心思的人，上天必会保佑他。

家训启迪

敬，是中华传统文化中一个重要的修身立世原则，它不是指要随时保持一副盲目恭敬的体貌，而是指要练就一种严肃、慎重的心态，这种心态一旦外化为个人的禀性和作风，就会生成一种出色的办事能力。在一双聚精会神的严肃慎重的目光之下，任何事情的复杂和艰难程度无一不涣然冰释。

一般而言，上司在方方面面都应比下属高出一筹，如工作经验丰富，有较强的组织、管理能力，看问题有全局观念等，也有一些上司具备一些个性方面的优点，如性格直爽、办事果断、工作细心等，这些都值得下属尊重和学习。

人无完人，上司一样会有缺点，会犯错误，这是无法避免的。但下属如果缺乏对上司最起码的尊重，会使自己与上司的关系严重恶化。何况，不尊重他人本身就是缺乏修养的表现，更会导致同事的轻蔑和不满，这样的人在一个集体中是最不受欢迎的。

当然，尊重不是无原则地讨好、谄媚，奉承会让上司放松自律之念，滋生骄傲情绪，也会让整个集体弥漫着一股不正之风。当上司有这样或那样的不足时，要掌握分寸巧妙地提醒，善意地规劝。

故事品读

王僧虔巧对齐太祖

南齐的王僧虔楷书造诣极高，许多官宦人家都以悬挂他的墨宝为荣，一时之间，流传着一种说法：王僧虔楷书不输王羲之，乃当今天下第一！

当朝皇帝齐太祖萧道成素来爱好书法，对王僧虔的盛名一向很不服气，于是下旨传王僧虔入宫“比试”。在大臣、随从的簇拥下，君臣二人屏息凝气，饱蘸浓墨，各自挥毫写下一幅楷书。搁笔之际，齐太祖头一扬，双目紧紧盯住王僧虔，问道：“你说我们两人，谁第一，谁第二？”

王僧虔额头冒出了冷汗，皇帝的书法虽有一定功力，但毕竟称不上炉火纯青。可是这位自负的皇帝又怎会甘心位居人后？昧着良心说谎，承认皇上技高一筹，固然不会得罪人，但这样的事王僧虔根本不屑去做。

王僧虔沉吟片刻，突然朗声长笑："臣心中已有分晓。臣的书法，大臣中排名第一；而皇上的书法，绝对是皇帝中的第一！"齐太祖闻听此话，先是一怔，继而很快理解了王僧虔的良苦用心，他为自己留足了面子，又不失其气节。齐太祖不由得哈哈大笑，王僧虔也松了口气。

尊重能够增进君臣之间的感情，化解矛盾冲突，赢得对方的好感，美化自己在其心目中的形象。出于对齐太祖的尊重，王僧虔才会在众目睽睽之下保全其威风，而不是傲慢指出皇帝不如自己。

拓展阅读

【原文】

不妄语，不多语，不道人隐事，不责人微过，不言己无干涉事。论人无舍短而弃长，论己无登技而忘本。交浅者无与深言，调别者无与强言，阴刻者无与言衷情，轻疏者无与言密事。

——《家范辑要》

【译文】

不乱说话，不多说话，不说人家隐秘之事，不指责人家细微的过错，不谈论与自己无关的事。谈论别人不要取其所短而弃其所长，论及自己不要注重细枝末节而忘记事物的根源。相交甚浅的不要与其深谈，话不投机的人不要勉强与其交谈，阴险恶毒的人不要与他诉衷情，行为轻浮、关系疏远的人不要与他谈论私密的事。

参考文献

[1] 《经典读库》编委会. 中华家训传世经典著[M]. 南京：江苏美术出版社，2013.

[2] 冯自勇. 朱柏庐先生家训[M]. 天津：天津大学出版社，2013.

[3] 朱用纯. 颜氏家训·朱子家训[M]. 合肥：黄山书社，2013.

[4] 蓝山. 孝经·朱子家训[M]. 长沙：湖南少儿出版社，2012.

[5] 老子. 道德经[M]. 欧阳居士，注译. 北京：中国画报出版社，2012.

[6] 田战省. 国学故事[M]. 北京：北方妇女儿童出版社，2012.

[7] 靳丽华. 颜氏家训中国[M]. 北京：华侨出版社，2012.

[8] 朱明勋. 中国古代家训经典导读[M]. 北京：中国书籍出版社，2012.

[9] 颜煦之. 职业道德故事[M]. 南京：南京出版社，2012.

[10] 颜氏家训[M]. 檀作文，译注. 北京：中华书局，2011.

[11] 增广贤文·弟子规·朱子家训[M]. 论湘子，评注. 长沙：岳麓书社，2011.

[12] 张铁成. 曾国藩家训大全集[M]. 北京：新世界出版社，2011.

[13] 陈才俊. 中国家训精粹[M]. 北京：海潮出版社，2011.

[14] 《故事会》编辑部. 道德故事[M]. 上海：上海文艺出版集团发行有限公司，2009.

[15] 中国出版工作者协会国际合作出版促进会研究中心. 未成年人道德经典格言·故事[M]. 北京：人民教育出版社，2005.

后记

一个家庭或家族的家风要正，首先要注重以德立家、以德治家。其次还要书香不绝，坚持走文化兴家、读书树人之路。习近平总书记谈到自己的经历时，曾经多次谈及自己的淳朴家风。从某种意义上说，正是因为家风家教的缺失，一些人走上社会之后容易失去底线，做出一些违背道德、法律的事情，导致家风缺失、世风日下。现在重提“家风”，是有积极现实意义的。这是一种文化的回归，是一种历史智慧的挖掘与重建。

端正家风，弘扬传统教育文化，传承优秀的治家处世之道，正是我们策划本套书的意图所在。

本套书从历代各朝林林总总的家训里，摘取一些能够表现中国文化特点并且对于今天颇有启发意义的格言家训，试做现代解释，与读者共同品味，陶冶性情。

在本套书编写过程中，得到了北京大学文学系的众多老师、教授的大力支持，安徽师范大学文学院多位教授、博士尽心编写，在设计现场给予

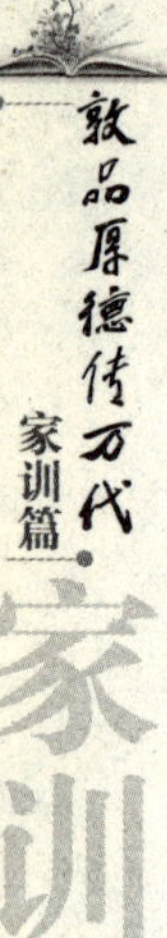

指导，在此表示衷心的感谢！尤其要特别感谢安徽省濉溪中学的一级教师田勇先生在本套书编写、审校过程中给予的辛苦付出和大力支持！

本套书在编写过程中，参考引用了诸多专家、学者的著作和文献资料，谨对这些资料、著作的作者表示衷心的感谢! 有些资料因为无法一一联系作者，希望相关作者来电来函洽谈有关资料稿酬事宜，我们将按相关标准给予支付。

联系人：姜正成

邮　箱：945767063@qq.com